U0280609

应急处置知识手册

中共陕西省委组织部　组织编写

西北大学出版社

·西安·

目 录

第一讲 应急处置目标制定

自然灾害或事故灾难的应急处置是指自然灾害或事故灾难（以下简称灾害或事故）发生后，政府及其部门（单位）等应急处置主体，为尽快控制和减缓灾害或事故造成的危害和影响，防止事态扩大，防范引发次生、衍生事件，最大限度保护人民群众生命和财产安全，依据国家法律、法规和有关规定所采取的行动和措施。

灾害或事故的应急处置目标设置，是在对灾害或事故危害程度及救援力量、救援环境等因素综合研判之后，制定出的具体救援目标，对整个救援工作起着指导性的作用。

一、目标

（1）救援生命。

（2）消除事故危害。

（3）恢复正常生产生活秩序。

二、基本原则

（1）以人为本。必须坚持"以人民为中心""人民至上""生命至上"的理念，在应急处置中要以抢救遇险人员为中心。一方面，在生命与财产的衡量中，要优先抢救生命；另一方面，在抢救遇险人员的同时还要保障救援人员的生命安全，要避免次生、衍生事故。

（2）快速响应。各项应急处置行动都要快，必须争分夺秒、快速响应、快速行动，要争取一切时间调派救援力量，调集各类应急资源，探明危险源位置，迅速采取现场抢救措施，控制事态发展，最大限度地挽救更多人的生命，减少突发事件造成的损失。

（3）党委领导、政府主导。在实际应急处置工作中，应当坚持党委领导、政府主导，发生重特大灾害事故，各级党委、人民政府应当依法履行应急职责，立即组织有关部门、整合各个方面资源第一时间进行处置，对队伍、装备、物资、资金等实施统一指挥和调配，及时控制危害，防止事态进一步扩大。

（4）属地管理。各级政府在突发事件应对工作的权限划分上应当遵循"属地管理"的原则，由事发当地县级以上人民政府统一履行领导、组织职能，及时开展先期处置，防止突发事件事态进一步扩大、升级，并尽可能地减少突发事件造成的损失。在当地政府不能有效应对时，上级人民政府负有支持、指导的职责和义务，或者直接履行应急处置工作的统一领导和协调职能。

（5）企业负责。生产经营单位必须切实担负起应急准备和应急处置的主体责任，积极、负责任地开展各项应急准备，切实提升应急能力；同时，在事故发生后第一时间组织人员力量投入先期处置，争取将隐患消灭在萌芽状态，防止小事故升级演变成大事故。

（6）分级应对。根据突发事件的影响范围和级别的不同，按照"分级负责"的原则，应急处置由不同层级的人民政府负责。通常，一般和较大突发事件的应急处置工作分别由发生地县级和设区的市级人民政府统一领导；重大和特别重大突发事件的应急处置工作由发生地省级人民政府统一领导，其中影响全国、跨省级行政区域或者超出省级人民政府处置能力的特别重大突发事件由国务院统一领导。

（7）协调联动。应急处置需要坚持"协调联动"原则，有效整合政府、相邻地区、企业和部门力量，建立应急协调联动关系，统筹调动人力、物力、财力资源，形成共同应对突发事件的合力，发挥整体效能和作用。此外，还要充分发挥武装力量在应急救援中的突击队作用，体现军民结合、平战结合的精神。

（8）科学救援。要尊重科学、尊重规律，不能蛮干。事故应急处置是技术性、危险性很强的工作，必须要科学论证、严密实施，否则极易造成次生、衍生事故，不仅不能挽救遇险人员，还会造成新的伤亡。

（9）全力保障。所有单位和个人都要为事故应急处置创造条件，把应急处置摆在最优先的位置，提供力所能及的帮助和便利。

三、基本要求

（1）有力：迅速响应、领导到位、队伍到位、装备到位、保障到位。

（2）有序：事态研判、制定方案、科学救援。

（3）有效：务求实效。

四、主要任务

（1）立即组织营救伤亡人员和被困人员。

（2）组织撤离或者采取其他措施保护灾害或事故区域的其他人员。

（3）迅速控制灾害或事故危险状态。

（4）对灾害或事故造成的危险、危害因素进行监测、检测，测定灾害或事故的危害区域、危害性质及危害程度。

（5）消除危害后果，做好现场恢复。

（6）查清灾害致灾因子或事故发生的原因，评估危害后果。

五、目标设置原则

目标的调整和制定应符合 SMART 原则。

（1）目标必须是具体的（Specific）。描述目标的语言必须精确、没有歧义。

（2）目标必须是可以衡量的（Measurable）。目标的设计和描述都应能进行最终核算，以确认是否实现了目标。

（3）目标必须是以行动为导向的（Action – Oriented）。目标应包含动词，描述预期的成果。

（4）目标必须是可以实现的（Realistic）。使用现有的应急资源可以完成目标，尽管可能需要几个行动周期才能达到。

（5）目标必须具有明确的时间截止期限（Time – Sensitive）。

无论是制定现场应急救援指挥部的战略目标、各工作组的战术目标、各作业组的行动计划目标，还是每一个应急救援人员的绩效目标都必须符合上述原则，五个原则缺一不可。

六、现场指挥部评估救援目标

评估前期应急救援情况、本级应急响应情况、灾害或事故现场状况。主要包括以下内容：

（1）现场事态是否平稳，还是规模和复杂程度有所升级？

（2）现场有多少人员被困或下落不明？被困位置在哪里？

（3）现场有哪些灾害危险或有害因素？有没有危险化学品？具体有什么危险化学品？

（4）现有应急救援目标、战略和战术分别是什么？

（5）当前目标是否有效？是否需要调整？

（6）完成当前目标需要多长时间？

（7）现场是否辨识评估风险？是否有安全隐患？

（8）现有物资情况如何？保存状态如何？是否够用？

第二讲　地震应急处置要点

　　地震是一种突发性强、原生灾害破坏性巨大、次生灾害重、衍生灾害难以估量、应急处置任务特别艰巨的自然灾害。地震灾害包括地震原生灾害、地震次生灾害和地震衍生灾害。地震原生灾害主要包括对工程结构、设施和自然环境造成的严重破坏及相关的人员伤亡。地震次生灾害主要包括由原生灾害引发的火灾、爆炸、瘟疫、有毒有害物质污染、水灾、泥石流和滑坡等对生产设施的损坏。地震的衍生灾害主要包括由于地震原生灾害和次生灾害造成的社会功能、物资和信息流动破坏而导致社会生产与经济活动停顿所造成的损失。

　　我国地震灾害的特点是地震多、强度大、分布广、震源浅。我省历史上曾发生过世界上最严重的地震灾害。1556年，我省华县发生8.0级地震，造成83万人死亡，关中及周边地区过半房屋倒塌损毁，灾害后果极为严重。

一、地震灾害的分级

按照地震灾害造成的人员伤亡情况、经济损失情况或地震震级，地震灾害分为特别重大、重大、较大、一般四级。

特别重大地震灾害。指造成300人以上死亡，或者直接经济损失占全省上年国内生产总值3%以上的地震灾害。省内发生7.0级以上地震，估计可能造成数百人死亡，初判为特别重大地震灾害事件。

重大地震灾害。指造成50人以上、300人以下死亡的地震灾害。当省内发生6.5级以上、7.0级以下地震，估计可能造成百人死亡，初判为重大地震灾害事件。

较大地震灾害。指造成10人以上、50人以下死亡的地震灾害。当省内发生5.5级以上、6.5级以下地震，估计可能造成数十人死亡，初判为较大地震灾害事件。

一般地震灾害。指造成10人以下死亡，或者造成人员受伤及一定经济损失的地震灾害。当省内发生4.5级以上、5.5级以下地震，估计可能造成数人死亡，初判为一般地震灾害事件。

二、组织领导

（一）领导机构

在各级党委、政府的领导下，地震灾害应对工作实行地方行政首长负责制，各级抗震救灾指挥部具体负责本行政区域地震灾害应对工作，指挥部办公室设在各级应急管理部门或地震部门，承担指挥部的日常工作。

省抗震救灾指挥部总指挥长由省政府常务副省长担任，设副总指挥长 2 名、指挥长 6 名，成员由相关部门和单位负责同志组成。指挥部办公室设在省应急管理厅，承担指挥部日常工作。

省抗震救灾指挥部主要职责包括：领导全省抗震救灾工作；了解和掌握震情、灾情、社情、民情及发展趋势；指挥协调对受灾人员的紧急救援；组织对伤员救治、转运及遇难人员善后处理；指挥协调各种抢险抢修行动；组织受灾群众安置和各类生活物资供应；组织灾后恢复与重建工作；组织新闻发布与宣传；执行国务院抗震救灾指挥部及省委、省政府下达的其他任务。

（二） 应对分级

抗震救灾工作实行属地分级负责制。

特别重大地震灾害发生后，省抗震救灾指挥部在国务院抗震救灾总指挥部统一领导下开展灾区抗震救灾工作。

重大地震灾害发生后，由省抗震救灾指挥部领导、指挥和协调灾区抗震救灾工作。

较大地震灾害发生后，由灾区市级抗震救灾指挥部领导、指挥和协调本地抗震救灾工作，省抗震救灾指挥部组织对灾区进行支援。

一般地震灾害发生后，由灾区所在县级抗震救灾指挥部领导、指挥和协调本地抗震救灾工作，灾区所在地市级抗震救灾指挥部组织对灾区进行支援，省抗震救灾指挥部根据灾区抗震救灾指挥部请求，组织有关部门进行支援。

三、现场抗震救灾指挥

各级抗震救灾指挥部可根据地震灾害应急处置需要，设立现场抗震救灾指挥部，指定现场总指挥、副总指挥。

（一）现场抗震救灾指挥部组成

在各级抗震救灾指挥部领导下，现场抗震救灾指挥部由本级抗震救灾指挥部、灾区有关人民政府、参加抗震救灾的解放军和武警部队等负责同志和有关人员组成。

现场抗震救灾指挥部职责包括：组织指挥相应级别地震灾害的抗震救灾工作；与下一级人民政府抗震救灾指挥部以及参与救灾的军队、武警等进行沟通、联络和协调，及时传达本级抗震救灾指挥部的部署和要求，督促检查贯彻落实情况；及时了解、掌握灾区有关人民政府抗震救灾工作进展情况以及存在的突出问题和困难，向本级抗震救灾指挥部汇报并提出有关措施建议；帮助受灾地区解决抗震救灾工作中的实际问题。

（二）现场抗震救灾指挥部工作组

现场抗震救灾指挥部可根据现场抗震救灾实际工作需要，本着精干、专业、高效原则，下设两个以上或多个工作组，工作组可按救灾区域或救灾功能下设多个队、分队、小队。

下设的工作组主要包括：综合协调组、抢险救援组、医疗救治组、通信保障组、交通保障组、军队工作组、专家支持组、群众生活组、社会治安组和宣传报道组。

四、省抗震救灾指挥部特别重大和重大地震灾害应急工作流程

（一）应急启动

特别重大和重大地震灾害事件发生后，省应急管理厅、省地震局迅速将震情按规定上报省委、省人民政府和应急管理部、中国地震局，同时通过各种媒体向社会发布，根据初判指标提出应急响应建议。

省抗震救灾指挥部成员单位和受灾市、县（市、区）人民政府迅速按各自应急预案规定，启动应急响应，先期处置。

省人民政府启动Ⅰ级响应，由省人民政府常务副省长任省抗震救灾指挥部总指挥长，省军区司令员、有关副省长任副指挥长，组织领导全省抗震救灾工作，设立现场抗震救灾指挥部。

（二）应急部署

（1）分析、判断地震趋势，了解、掌握灾情并确定抗震救灾工作方案。

（2）协调驻军和武警部队参加抢险救灾，派出地震灾害紧急救援队等专业救援队伍。

（3）组织省人民政府有关部门和有关地区对受灾地区进行抢险救援。

（4）向国务院抗震救灾指挥部报告震情、灾情和救灾工作进展情况，视情况请求国务院支援。

（5）向社会公告震情灾情信息。

（三）应急处置

1．灾情收集与报送

（1）地震灾区县级以上人民政府应当及时向上一级人民政府报告震情、灾情等信息，同时抄送上一级地震、民政、卫生等部门，必要时可越级上报，不得迟报、谎报、瞒报，省抗震救灾指挥部及时上报国务院和国务院抗震救灾指挥部办公室。

（2）省抗震救灾指挥部成员单位及时了解灾情报省人民政府和省抗震救灾指挥部。

（3）省地震局利用地震应急指挥技术系统对地震灾情做出快速评估。

（4）省军区协调空军部队等出动飞行器进行低空侦查及摄影。

（5）省测绘局利用航空遥感和卫星遥感手段提供灾区影像和地图资料。

2．紧急救援

省应急管理厅、省公安厅、省地震局、武警陕西省总队迅速组织综合性消防救援队、省地震灾害紧急救援队、专业应急救援队、省武警应急救援队赶赴灾区开展生命搜救工作。

省军区负责协调驻陕部队和来陕部队参与抢险救援工作。

3．医疗救助

省卫健委负责组织医疗救护队伍和卫生防疫队伍赶赴灾区，对受伤人员进行救治；开展心理援助；严密监控疫情，开展防疫工作，防止疫情和传染病发生；协调省外医疗救护队伍和医疗机构开展伤员救治、接收危重伤员。

省市场监管局按照职责分工对进入灾区的食品、药品等进行监督检查。省工业和信息化厅负责筹集和运送灾区急需药品药械，必要时，启动省外调拨救灾药品工作机制。

4. 人员安置

省应急管理厅负责制订和实施受灾群众救助工作方案，尽快安置失去住所群众，接收和安排国内外救灾捐赠资金和物资，妥善解决遇难人员善后事宜。

省红十字会通过中国红十字总会向国际对口组织发出提供救灾援助呼吁，接受境外红十字总会和国际社会通过中国红十字总会提供的紧急救助。

省发展改革委、省应急管理厅、省商务厅等有关部门负责灾区群众基本生活物资供应。

省住房和城乡建设厅负责民用住房和学校、医院等公共场所震损建设工程应急评估工作，对危险建筑安全情况设置明显标识。

省财政厅负责筹集下拨救灾资金。省审计厅负责对划拨、援助、捐赠等物资、经费使用的审计。

灾区人民政府迅速设置避难场所、医疗救护点和救灾物资供应点，提供急救医药、食物、饮水等。

5. 应急通信

省通信管理局负责协调各通信运营企业抢修被破坏的通信设施，保障各级抗震救灾指挥部之间及与灾区现场的通信联络；保证抗震救灾指挥机构及地震、卫生、民政等部门的应急通信畅通。省工业和信息化厅（省无线电管理委员会）利用无线电管理技术等手段保障灾区无线电通信联络。

6. 交通运输

省交通运输厅、西安铁路监管局、民航西北管理局等单位全面排查交通中断情况，抢修被破坏的公路、铁路、空港等，立即开辟绿色通道，保证救灾车辆通行；协调组织应急救援运力，确保应急救援物资及时运达，保证人员疏散。

7. 灾害监测与防范

省地震局负责震情监视，及时布设流动监测台站，强化地震监测，加大震情会商密度，适时提供地震趋势判定意见，提出防范建议，实时通报余震信息。

省气象局强化气象监测工作，及时通报重大气象变化，为地震应急处置工作提供气象服务。

省生态环境厅负责加强对灾区空气、水质、土壤等污染监测并协助有关部门搞好防控工作。

省水利厅等有关部门负责检查、监测灾区饮用水源安全；省水利厅负责对可能发生的严重次生水患进行监测，及时处理险情。

省自然资源厅负责对重大地质灾害隐患进行监测，及时处理险情。

省消防救援总队负责对地震引发的火灾、毒气泄漏等次生灾害进行抢险救援。

省应急管理厅、省工业和信息化厅等有关部门和单位负责加强对可能造成次生灾害的危险化学品设施、核设施、水库、油气管线、易燃易爆和有毒物质等的检查、监测，防控次生灾害发生。

8. 治安维护

省公安厅、武警陕西省总队负责灾区治安管理和安全保卫工作，预防和打击各种违法犯罪活动，维护社会治安；组织对首脑机关、要害部门、金融单位、储备仓库等重要场所的警戒。

9．新闻宣传

省政府新闻办公室负责新闻发布，省委宣传部组织做好宣传报道工作。

10．涉外事务

省文旅厅、省外事办等有关部门和单位负责妥善安置在灾区工作和旅游的国（境）外人员，及时向有关国家和地区驻华机构通报有关情况。

省外事办负责国（境）外救援队伍和救灾物资入陕手续事宜。

11．社会动员

省人民政府动员省级有关部门和单位、非灾区市人民政府向灾区提供人力、财力、物力和技术等方面支援。团省委动员志愿者做好支援灾区准备。

12．损失评估

省应急管理厅、省地震局、省财政厅、省发展改革委、省住房和城乡建设厅、省民政厅、省卫生厅、省国土资源厅以及其他有关部门负责对受灾情况进行调查和核实，快速评估地震灾害损失。

13．恢复生产

省发展改革委、省工业和信息化厅、省财政厅、省住房和城乡建设厅、省商务厅、省农业厅等有关部门和单位负责对受灾工矿商贸和农业损毁情况进行核实；落实有关扶持资金、物资，开展恢复生产工作。

（四）市、县应急

灾区所在市、县（市、区）人民政府迅速查灾报灾，组织抢险救灾，上报采取的应急措施及抢险救灾需求。

在省人民政府领导下，灾区所在市、县（市、区）人民政府抗震救灾指挥部针对灾情制定抢险救援方案，组织抗震救灾工作，做好与有关部门、各救援队伍等的配合工作。

（五）应急结束

地震灾害事件紧急处置工作完成，地震引发次生灾害后果基本消除，经过震情趋势判断，近期无发生较大余震可能，灾区基本恢复正常社会秩序，省人民政府宣布应急期结束，抗震救灾工作转入灾后恢复重建阶段。

第三讲　洪涝灾害应急处置要点

一、暴雨与洪水的等级划分

（一）暴雨分级及预警

1．暴雨分级

根据《降水量等级》（GB/T28592—2012），暴雨等级划分为：

（1）暴雨：12 小时降雨量 30～69.9 毫米或日降雨量 50.0～99.9 毫米。

（2）大暴雨：12 小时降雨量 70～139.9 毫米或日降雨量 100～249.9 毫米。

（3）特大暴雨：12 小时降雨量不小于 140 毫米或日降雨量不小于 250 毫米。

2．暴雨预警分级

根据气象部门相关规定，暴雨预警信号分四个等级，分别为：

（1）蓝色预警：12 小时内降雨量将达 50 毫米以上，或者已达 50 毫米以上且降雨可能持续。

（2）黄色预警：6 小时内降雨量将达 50 毫米以上，或者已达 50 毫米以上且降雨可能持续。

（3）橙色预警：3 小时内降雨量将达 50 毫米以上，或者已达 50 毫米以上且降雨可能持续。

（4）红色预警：3 小时内降雨量将达 100 毫米以上，或者已达 100 毫米以上且降雨可能持续。

（二）洪水分级及预警

1．洪水分级

根据国家有关标准，洪水等级划分为四级：

（1）小洪水：洪峰流量（水位）或时段最大洪量重现期小于 5 年一遇的洪水。

（2）中洪水：洪峰流量（水位）或时段最大洪量重现期为 5～20 年一遇的洪水。

（3）大洪水：洪峰流量（水位）或时段最大洪量重现期为 20～50 年一遇的洪水。

（4）特大洪水：洪峰流量（水位）或时段最大洪量重现期大于 50 年一遇的洪水。

2．洪水预警分级

根据水文部门相关规定，水情预警依据洪水量级及其发展态势，由低至高分为四个等级，分别为：

（1）蓝色预警：水位（流量）接近警戒水位（流量），或者洪水水文要素重现期接近 5 年。

（2）黄色预警：水位（流量）达到超过警戒水位（流量），或者洪水水文要素重现期达到或超过 5 年。

（3）橙色预警：水位（流量）达到或超过保证水位（流量），或者洪水水文要素重现期达到或超过 20 年。

（4）红色预警：水位（流量）达到或超过历史最高水位（最大流量），或者洪水水文要素重现期达到或超过 50 年。

二、组织领导

（一）领导机构

在各级党委、政府的领导下，洪涝灾害应对工作实行地方行政首长负责制，各级防汛指挥部具体负责本行政区域洪涝灾害应对工作，指挥部办公室设在各级应急管理部门。

省防汛抗旱总指挥部总指挥长为省人民政府省长，副总指挥长为省人民政府常务副省长、主管水利副省长和省军区副司令员，指挥长为省人民政府分管应急、水利的副秘书长，副指挥长为省应急管理厅厅长、省水利厅厅长，秘书长为省水利厅副厅长或省应急管理厅副厅长。

省防汛抗旱总指挥部主要职责包括：领导组织全省防汛工作；贯彻国家防汛抗旱总指挥部、黄河防汛抗旱总指挥部、长江防汛抗旱总指挥部和省委、省政府对防汛工作的指示；拟定全省防汛方针政策和规定；按照法律法规规定，组织制定江河洪水防御、城市防洪、水库汛期调度运用计划和方案；及时掌握汛情灾情，全面指挥抗洪抢险；负责防汛经费和物资的安排、使用与管理；做好全省水利工程防洪调度，做好省防汛抗旱总指挥部成员单位协调工作。

（二）应对分级

发生特别重大、重大、较大、一般洪水灾情时，由省、市、县人民政府分级负责Ⅰ级、Ⅱ级、Ⅲ级、Ⅳ级应对。

1. 发生下列情况之一，为省人民政府负责应对的Ⅰ级特别重大洪水灾情：

（1）黄河、渭河、汉江任何一条江河发生特大洪水；

（2）有两条以上主要江河同时发生大洪水；

（3）六个以上设区市发生严重洪涝灾害；

（4）黄河、渭河、汉江干流重要城市河段堤防发生决口；

（5）大型水库发生重大险情；

（6）其他需要省人民政府负责应对的情况。

2. 发生下列情况之一，为省人民政府负责应对的Ⅱ级重大洪水灾情：

（1）黄河、渭河、汉江任何一条江河发生大洪水；

（2）有两条以上主要江河同时发生中洪水；

（3）五至六个设区市发生严重洪涝灾害；

（4）黄河、渭河、汉江干流一般河段堤防和三门峡库区南山支流堤防发生决口；

（5）大型水库发生严重险情，中型水库发生重大险情；

（6）其他需要省人民政府负责应对的情况。

3. 发生下列情况之一，为市级人民政府负责应对的Ⅲ级较大洪水灾情：

（1）黄河、渭河、汉江任何一条江河发生中洪水；

（2）有两条以上主要江河发生小洪水；

（3）三至四个设区市发生严重洪涝灾害；

（4）黄河、渭河、汉江干流重要河段堤防出现重大险情；

（5）中型水库出现严重险情或小（一）型水库发生重大险情；

（6）其他需要市级人民政府负责应对的情况。

4．发生下列情况之一，为县级人民政府负责应对的Ⅳ级一般洪水灾情：

（1）黄河、渭河、汉江任何一条江河发生小洪水；

（2）两条以上主要江河发生警戒以上洪水；

（3）一至二个设区市发生严重洪涝灾害；

（4）主要江河堤防发生重大险情；

（5）小（一）型水库出现严重险情或小（二）型水库发生重大险情；

（6）其他需要县级人民政府负责应对的情况。

三、现场抗洪救灾指挥

各级防汛指挥部门（总指挥部）可根据洪涝灾害应急处置需要，设立现场抗洪救灾指挥部，指定现场总指挥、副总指挥。

（一）现场抗洪救灾指挥部组成

在各级防汛指挥部门（总指挥部）领导下，有关现场抗洪救灾指挥部由本级防汛抗旱指挥部、灾区有关人民政府、参加抗洪救灾的解放军和武警部队等负责同志组成。

现场抗洪救灾指挥部职责包括：组织、指挥相应级别洪涝灾害的抗洪救灾工作；与下一级人民政府抗洪救灾指挥部以及参与救灾的军队、武警等进行沟通、联络和协调，及时传达本级防汛抗旱指挥部（总指挥部）的部署和要求，督促检查贯彻落实情况；及时了解、掌握灾区有关人民政府抗洪救灾工作进展情况以及存在的突出问题和困难，向本级防汛抗旱指挥部（总指挥部）汇报并提出有关措施建议；帮助受灾地区解决抗洪救灾工作中的实际问题。

（二）现场抗洪救灾指挥部工作组

现场抗洪救灾指挥部可根据抗洪救灾现场实际工作需要，本着精干、专业、高效原则，下设一个或多个工作组，工作组可按救灾区域或救灾功能下设多个队、分队、小队。

下设的工作组主要包括但不限于：综合协调组、抢险救援组、医疗救治组、通信保障组、交通保障组、军队工作组、专家支持组、群众生活组、社会治安组和宣传报道组。

四、抗洪救灾指挥工作程序

（一）指挥和调度

发生洪水险情后，事发地防汛指挥机构要启动应急响应并成立现场指挥部，在采取紧急措施的同时，向上一级防汛指挥机构报告。

事发地防汛指挥机构负责同志要迅速到位，分析预测洪水灾害发展趋势和可能造成的危害程度，组织指挥有关单位或部门按照职责分工，迅速采取处置措施，控制险情发展。

发生重大洪水灾害后，上一级防汛指挥机构负责同志要带领工作组赶赴现场指导检查，必要时成立前线指挥部。

（二）抢险处置

出现洪水灾害或防洪工程发生重大险情，事发地防汛指挥机构应根据事件性质，迅速对事件进行监控、追踪并立即向相关部门通报。

事发地防汛指挥机构根据具体情况，按照预案立即提出紧急处置措施，供当地政府或上一级相关部门指挥决策。

事发地防汛指挥机构要迅速调集本地资源和力量，提供技术支持；当地人民政府要组织有关部门和人员，迅速赶赴现场进行处置和抢险。

处置洪水灾害和重大工程险情时，应按照职能分工，由防汛指挥机构统一指挥，各单位、各部门应各司其职，团结协作，快速反应，高效处置，最大限度减少损失。

（三）应急人员及群众安全防护

各类应急工作小组、抢险救援人员必须配备必要的救生、防护装备。抢险应急救生、安全防护装备由各级防汛部门就近从防汛物资仓库调拨，必要时由省防汛抗旱总指挥部从省级防汛物资仓库调拨。

水库（水电站、淤地坝）大坝、堤防等发生重大险情时，防汛指挥机构和工程管理单位应依据防御洪水预案，迅速发出转移、撤离警报，及时把下游群众组织转移到安全区域。县（市、区）、乡

（镇、街办）防汛指挥机构和村组基层组织要做好山洪灾害避险工作。

公安部门对撤离区、安置区和洪水影响区采取警戒管理，严防群众私自返迁造成人员伤亡和新的安全威胁。

（四）社会力量动员与参与

各级人民政府和防汛指挥机构根据应急需要，依据相关规定，可以调用防汛机动抢险队、专业应急抢险队、群众性抢险救护队伍及民兵等社会力量参加抗洪抢险。驻陕部队、武警的调动由省防汛抗旱总指挥部提出申请，省军区、武警陕西省总队按照规定执行。

紧急防汛期间，省防汛抗旱总指挥部报请省人民政府发布动员令，组织社会力量参与抗洪救灾。

（五）信息发布

洪涝灾害信息发布坚持实事求是、及时准确、积极主动原则。省防汛抗旱总指挥部会同省级新闻主管部门做好抗洪救灾信息发布。新闻媒体发布的重大洪水信息必须经省防汛抗旱总指挥部办公室审核。

（六）应急结束

洪水灾害得到有效控制或汛情得到缓解时，省防汛抗旱总指挥部和有关设区市防汛指挥机构应下达指令，宣布结束或降低防汛应急响应级别。

五、主要洪涝灾害应急处置措施

（一）江河洪水

当江河水位超过警戒流量时，当地防汛指挥机构一定要密切关注雨情水情，加强巡堤查险，适时运用防洪工程，科学调度洪水，确保防洪安全。必要时调用抢险队伍、部队、武警参与抢险除险。

紧急情况下，县级以上政府、防汛指挥机构可宣布进入紧急防汛期，并依法采取特殊措施，保障抗洪抢险顺利实施。

（二）水库（水电站、淤地坝）

水库（水电站、淤地坝）按照分级负责、属地管理原则，由水库（水电站、淤地坝）所在地人民政府和防汛指挥机构按照相应预案启动应急响应。水库（水电站、淤地坝）管理单位应加强工程汛情、工情、险情信息监测和调度运用，做好预测预警和应急响应措施落实。

（三）山洪灾害

山洪灾害应急处置主要由当地防汛指挥机构负责实施，有关部门按职责分工做好相关工作。当山洪灾害易发区雨量观测点降雨量达到山洪临界值或观测山体发生变形有滑动趋势时，当地防汛指挥机构应及时发出预警预报，并对危险地区群众进行紧急转移。对因山洪造成的人员伤亡应立即实施紧急抢救，必要时可向当地驻军、武警和上级人民政府请求支援。

（四） 堤防决口和水库（水电站、淤地坝）溃坝

当出现堤防决口、水库（水电站、淤地坝）溃坝前期征兆时，防汛责任单位应迅速调集人力、物力全力抢护，尽可能控制险情，并及时向下游发出警报并报告上级防汛指挥机构。堤防决口、水库（水电站、淤地坝）溃坝的应急处置由当地人民政府防汛指挥机构负责，及时组织应急抢险，上级防汛指挥机构应立即派专家赶赴现场进行指导。

（五） 凌汛

（1）加强凌情观测和预报。凌情观测主要是观测结冰地点、面积、冰量、淌凌密度、速度，封冻地点、长度、宽度、封冻形式、冰厚以及冰色、冰质变化、冰堆形成的位置等。凌情严重时，适当增加观测点，增加观测次数，及时分析凌情，预测冰凌的发展趋势，及早采取防凌措施。凌汛期间，密切注视天气变化，加强水文、气象观测，提高凌情预报的准确度，争取防守的主动性。

（2）利用水库防凌。

（3）分水分凌。把受冰凌阻水而壅蓄在河道中的部分水量，通过沿岸涵闸或分水工程，有计划地分泄出去，有效减少河道内的槽蓄水量，消减凌峰流量，避免冰水泛滥成灾。

（4）破冰防凌。根据冰凌的发展情况，在开河期，确需破冰时可采用炸药爆破、打冰、炮击、撒土等方式，其中炸药爆破法是较为有效、实用的破冰方法，其作用是扩大断面、增大排冰能力，疏导冰凌的下泄，减少冰凌堵塞。

第四讲 干旱灾害应急处置要点

干旱是因水分的收与支或供与需不平衡形成的水分短缺现象。

一、农业干旱分级及预警应对

农业干旱以土壤含水量和植物生长状态为特征，是指农业生长季内因长期无雨，造成土壤缺水，农作物生长发育受抑，导致明显减产，甚至无收。

（一）农业干旱等级划分

根据《农业干旱等级》（GB/T32136—2015），我国农业干旱等级标准划分为轻旱、中旱、重旱和特旱四个等级。根据《农业干旱预警等级》（GB/T34817—2017），按照灾害严重性和紧急程度，我国农业干旱预警应急等级分为特大干旱（Ⅰ级）、严重干旱（Ⅱ

级）、中度干旱（Ⅲ级）和轻度干旱（Ⅳ级）四级，分别用红色、橙色、黄色和蓝色表示。

特大干旱（一级红色预警）：多个区县发生特大干旱，多个县级城市发生极度干旱。

严重干旱（二级橙色预警）：数个区县的多个乡镇发生严重干旱，或一个区县发生特大干旱等。

中度干旱（三级黄色预警）：多个区县发生较重干旱，或个别区县发生严重干旱等。

轻度干旱（四级蓝色预警）：多个区县发生一般干旱，或个别区县发生较重干旱等。

（二）农业干旱预警应对

1. 农业干旱Ⅳ级预警应对

（1）做好骨干水利工程水源的统一调度和管理。

（2）坚持先生活、后生产，先节水、后调水，先地表、后地下，先重点、后一般的原则，组织抗旱服务队开展抗旱服务。

（3）适当喷洒农药。

（4）加强对天气形势的跟踪和预报。

2. 农业干旱Ⅲ级预警应对

（1）做好抗旱骨干水源的统一调度和管理。

（2）压低灌溉定额，用有限的水量灌溉更多的面积。

（3）临时设置抽水泵站，开挖输水渠道，应急性打井、挖泉、建蓄水池等。

（4）做好人工增雨的准备工作，等待适宜的天气形势。

3．农业干旱Ⅱ级预警应对

（1）落实全面抗、保重点的抗旱工作方针，启动抗旱救灾紧急应急预案。

（2）做好抗旱水源、水量与水质的实时监测、管理和调度。

（3）在保证水利工程设施安全的情况下，适量抽取水库死库容水，临时在河沟内截水，在饮水水源发生严重困难的地区临时实行人工送水。

（4）及时发布旱情公告，适时启动人工增雨作业。

4．农业干旱Ⅰ级预警应对

（1）有关部门和单位按照职责做好防御干旱的应急和救灾工作。

（2）各级人民政府和有关部门启动远距离调水等应急供水方案，采取引堤外水、打深井、车载送水等多种手段，确保城乡居民生活用水和牲畜饮水。

（3）限时或者限量供应城镇居民生活用水，缩小或者阶段性停止农业灌溉供水。

（4）严禁非生产性高耗水及服务业用水，停止排放工业污水。

（5）气象部门适时加大人工增雨作业力度。

二、城市干旱分级与应对

城市干旱即城市区域发生的干旱缺水现象。与乡村干旱或农业干旱最大的不同在于，城市干旱与当年本地区降水量及蒸发量的大小没有直接关系，而主要取决于可供水量与需水量的差额，取决于上游降水量和水源地的贮水量。

（一）城市干旱等级划分

城市干旱一般可分为四个等级：

（1）一级，城市极度干旱。干旱城市供水量比正常用水量低30%，出现极为严重的缺水局面或发生供水危机，城市生活、生产用水受到极大影响。

（2）二级，城市重度干旱。干旱城市供水量比正常用水量低20%～30%，出现明显缺水现象，城市生活、生产用水受到严重影响。

（3）三级，城市中度干旱。干旱城市供水量比正常用水量低10%～20%，出现明显缺水现象，居民生活、生产用水受到较大影响。

（4）四级，城市轻度干旱。干旱城市供水量比正常需求量低5%～10%，出现缺水现象，居民生活、生产用水受到一定程度影响。

（二）城市干旱的应对

1．科学抗旱

城市科学抗旱具体表现在要根据城市自身的受旱特点，制定城市抗旱应急预案。在施行抗旱的措施时，要根据城市受旱的等级，采取分级响应的措施，不可以盲目地进行抗旱投入。在抗旱的过程中，各部门还要注意统筹安排，实时联络，以减少交叉、重复、无序工作。

2．技术抗旱

采取的具体技术主要包括干旱监测技术、干旱风险评估技术、建立旱情发布与会商平台技术、减少水源运输过程中水源损耗的技术、开辟新水源的探测技术、净化水源技术等。

3. 风险管理

建立符合城市抗旱要求的新模式，即风险管理模式。主要体现在：一是从政府到非政府的转变，非政府的团体市民等自觉自愿地以多种方式、途径参与城市干旱抗旱问题的管理。同时通过成为城市抗旱管理的参与者，可以增加市民对城市干旱抗旱的关心，对相关政策的认可，对政府决策的信任。二是通过政策、法律、法规的调节和加强宣传、教育、培训来激励团体和市民抗旱的士气，增强其信心，充分发挥其能动作用，从而形成全民、全过程、全方位的管理，使城市抗旱达到最佳管理状态。

4. 经济手段

建立城市干旱抗旱风险基金，为监测、开发水源、引进先进设备以及其他工作的正常运行提供资金保证；保险公司推行干旱保险，降低团体和个人的干旱损失；银行提供低利率贷款，鼓励单位和个人购买抗旱设备，减少政府负担；物资部门需要储备足够的水泵、水管、过滤器等设备和桶装水、食物等，为受旱市民提供生活保证，为抗旱工作做好准备。

第五讲　森林草原火灾应急处置要点

森林草原火灾是指在森林、草原燃烧中，失去人为控制，对森林或草原产生破坏作用的一种自由燃烧现象所导致的灾害，其特点为突发性强、破坏性大、应急处置十分困难。森林草原火灾不仅烧毁林木、草原，危害野生动物、破坏生物多样性，而且还会降低森林、草原的更新能力，引起土壤贫瘠，破坏森林、草原涵养水源的能力，导致生态环境失去平衡，直接威胁人民生命财产安全和社会稳定。

一、森林草原火灾分级与预警

（一）森林火灾分级与预警

1. 森林火灾等级划分

按照受害森林面积和伤亡人数，森林火灾分为一般森林火灾、较大森林火灾、重大森林火灾和特别重大森林火灾。

（1）一般森林火灾：受害森林面积在 1 公顷以下或者其他林地起火的，或者死亡 1 人以上 3 人以下的，或者重伤 1 人以上 10 人以下的。

（2）较大森林火灾：受害森林面积在 1 公顷以上 100 公顷以下的，或者死亡 3 人以上 10 人以下的，或者重伤 10 人以上 50 人以下的。

（3）重大森林火灾：受害森林面积在 100 公顷以上 1000 公顷以下的，或者死亡 10 人以上 30 人以下的，或者重伤 50 人以上 100 人以下的。

（4）特别重大森林火灾：受害森林面积在 1000 公顷以上的，或者死亡 30 人以上的，或者重伤 100 人以上的。

2．森林火险预警

根据森林火险等级的不同，森林火险预警分为蓝色、黄色、橙色和红色。

森林火险等级	危险程度	易燃程度	蔓延程度	森林火险预警信号颜色
一	低度危险	不易燃烧	不易蔓延	
二	中度危险	可以燃烧	可以蔓延	蓝色
三	较高危险	较易燃烧	较易蔓延	黄色
四	高度危险	容易燃烧	容易蔓延	橙色
五	极高危险	极易燃烧	极易蔓延	红色

（二）草原火灾分级与预警

1．草原火灾等级划分

根据受害草原面积、伤亡人数和经济损失，将草原火灾划分为特别重大（Ⅰ级）、重大（Ⅱ级）、较大（Ⅲ级）、一般（Ⅳ级）草原火灾四个等级。

（1）符合下列条件之一，为特别重大（Ⅰ级）草原火灾：

1）受害草原面积 8000 公顷以上的；

2）造成死亡 10 人以上，或造成死亡和重伤合计 20 人以上的；

3）直接经济损失 500 万元以上的。

（2）符合下列条件之一，为重大（Ⅱ级）草原火灾：

1）受害草原面积 5000 公顷以上 8000 公顷以下的；

2）造成死亡 3 人以上 10 人以下，或造成死亡和重伤合计 10 人以上 20 人以下的；

3）直接经济损失 300 万元以上 500 万元以下的。

（3）符合下列条件之一，为较大（Ⅲ级）草原火灾：

1）受害草原面积 1000 公顷以上 5000 公顷以下的；

2）造成死亡 3 人以下，或造成重伤 3 人以上 10 人以下的；

3）直接经济损失 50 万元以上 300 万元以下的。

（4）符合下列条件之一，为一般（Ⅳ级）草原火灾：

1）受害草原面积 10 公顷以上 1000 公顷以下的；

2）造成重伤 1 人以上 3 人以下的；

3）直接经济损失 5000 元以上 50 万元以下的。

二、组织领导

（一）领导机构

在各级党委、政府的领导下，森林草原火灾应对工作实行地方行政首长负责制，森林草原防灭火指挥部具体负责本行政区域森林草原火灾应对工作，指挥部办公室设在应急部门，承担指挥部的日常工作。

省森林草原防灭火指挥部总指挥长由省人民政府常务副省长担任，副总指挥长由分管农林的副省长和省军区领导同志担任，指挥长由省人民政府副秘书长和应急、公安、林业、消防救援总队、武警陕西总队负责同志担任。

（二）应对分级

按照受害森林草原面积、伤亡人数和直接经济损失，森林草原火灾分为一般、较大、重大和特别重大四个等级。

森林草原火灾的应急处置实行属地分级负责制。

（1）一般，县级。一般森林草原火灾的应急处置由发生地县级人民政府统一领导，县级森林草原防灭火指挥部负责具体实施。

（2）较大，市级。较大森林草原火灾的应急处置由发生地市级人民政府统一领导，市级森林草原防灭火指挥部负责具体实施。

（3）重大以上，省级。重大和特别重大森林草原火灾的应急处置由省人民政府统一领导，省森林草原防灭火指挥部负责具体实施。

必要时，上级人民政府可以对由下级人民政府负责应对的森林草原火灾做提级处理。

三、火场前线指挥

森林草原火灾应急处置面临着火灾发展迅猛、火情复杂多变、危险因素众多、易造成人员伤亡的风险，需要强有力的组织指挥、科学指挥和多部门、多单位、多队伍的协同作战，才能取得成功。

发生森林草原火灾时，在各级党委、政府领导下，有关森林草原防灭火指挥部可根据扑救工作需要，在森林草原火灾现场成立火场前线指挥部，由地方行政首长担任总指挥。火场前线指挥部通常就近开设在自身安全、便于指挥、利于保障的场所。

（一）基本原则

火场前线指挥部组织扑救森林草原火灾，应坚持以下原则。

（1）属地为主，统一指挥。前线指挥部是火灾扑救现场最高指挥决策机构，有权调度现场一切扑救力量和资源，所有参加灭火的单位和个人必须服从前线指挥部的统一调度。

（2）协同联动，专业指挥。前线指挥部要充分发挥各部门行业优势，合理配置工作组。设立专业副总指挥负责战术策略、行动部署、力量调配等工作，对一线扑救力量灭火行动和规避风险工作进行有效指导。要摸清现场火险因子，做到因情就势、因险设防、因地制宜、因人而异，确保扑救行动科学、专业、精准、高效。

（3）生命至上，安全指挥。火场前线指挥部必须把保证灭火人员安全和人民群众生命财产安全作为最大的政治责任，始终放在第一位，贯穿灭火行动的全过程。指导各级和各扑救队伍时刻警惕火情变化，落实安全措施，因情就势科学行动，确保全程安全。

（4）因险而异，提级指挥。当两个以上行政区划交界地区发生火灾，省会城市周边、高危敏感地区和时段发生火灾，或者预判容易失控、造成重大损失和影响的火灾，上级指挥机构要主动提前介入，掌控灭火行动，适时实施提级指挥，确保行动安全高效。

（二）前线指挥部的编成和职责

火场前线指挥部通常由当地政府领导和应急、林草、公安等森林草原防灭火指挥部成员单位、扑救力量的负责同志组成。当火场范围较大时，应根据实际设立分前指，由前线指挥部明确分前指的人员组成和工作任务。

总指挥。火场前线指挥部总指挥由属地行政首长担任，负责统筹火场的指挥协调和组织扑救工作，是火场前线指挥部的最高决策者。

副总指挥。火场前线指挥部根据需要设置若干副总指挥。其中，必须指定精通灭火指挥、实战经验丰富的领导和行业专家、国家森林消防队伍指挥员担任专业副总指挥。主要职责是全面掌握火灾情况，分析火情发展态势，制定扑救方案，具体指导扑救行动组织实施。

调度长。由森林草原防灭火指挥部办公室负责人或应急部门分管领导担任。主要负责前线指挥部的决策命令、指示要求传达和督促落实，做好工作协调，及时掌握和汇总火场综合情况。

新闻发言人。由当地主管新闻宣传的党政负责同志或部门负责同志担任。主要负责火场宣传报道工作，组织有关媒体开展采访报道，适时发布权威信息，回应社会关切，正确引导舆情。新闻发布的有关信息需经前线指挥部审核确认，未经批准，一律不予发布。

前线指挥部工作组。本着精干、专业、高效原则，前线指挥部可以下设若干工作组，负责灭火行动的筹划、组织、控制和保障工作。在确保要素齐全、运行规范的基础上，可根据火灾扑救实际情况进行适当增减调整或合并运行。

（1）综合协调组。由应急部门牵头，发改委等部门和单位参加。主要负责传达上级指示精神，跟踪汇总火情和扑救进展，及时向上级报告，并通报森林草原防灭火指挥部各成员单位，综合协调内部日常事务，督办重要工作。

（2）救援指挥组（抢险救援组）。由应急部门牵头，林草等相关部门和单位参加。在履行有关《森林草原火灾应急预案》相关职责的同时，具体负责火场侦察，掌握火情态势，根据火场规模、投入力量及上级指示，制定灭火方案，协调组织各灭火队伍、飞机等力量实施火灾扑救，指挥调度灭火行动，处置突发情况，检查验收火场等。

（3）医疗救治组。由卫生健康部门牵头，医疗等部门和单位参加。主要负责组织指导灾区医疗救助和卫生防疫工作，统筹协调医疗救护队伍和医疗器械、药品支援灾区，组织指导灾区转运救治伤员、做好伤亡统计，指导灾区、安置点防范和控制各种传染病等疫情暴发流行。

（4）火灾监测组。由应急部门牵头，林草等部门和单位参加。主要负责组织火灾风险监测，指导次生、衍生灾害防范，调度相关技术力量和设备，监视灾情发展，指导灾害防御和灾害隐患监测预警。

（5）通信保障组。由工信部门牵头，应急等部门和单位参加。主要负责协调做好指挥机构在灾区时的通信和信息化组网工作；建立灾害现场指挥机构、应急救援队伍与应急指挥中心，以及其他指挥机构之间的通信联络；指导修复受损通信设施，恢复灾区通信。

（6）交通保障组。由交通运输部门牵头，公安、应急等部门和单位参加。主要负责统筹协调应急救援力量赴灾区和撤离时的交通保障工作，指导灾区道路抢通抢修，协调抢险救灾物资、救援装备以及基本生活物资等交通保障，统筹做好火场区及周边交通管控。

（7）军队工作组。由军队有关部门牵头，应急部门等单位参加。主要负责协调组织军队力量参与森林草原火灾现场扑救工作。

（8）专家支持组。以精通组织指挥的专家为主，由林草、气象等相关行业专家组成。主要负责组织现场灾情会商研判，提供技术支持；指导现场监测预警和隐患排查工作；指导地方开展灾情调查和灾损评估；参与制定抢险救援方案。

（9）灾情评估组。由林草部门牵头，应急等部门和单位参加。主要负责指导开展灾情调查和灾时跟踪评估，为抢险救灾决策提供信息支持；参与制定救援救灾方案。

（10）群众生活组。由应急部门牵头，民政、财政等部门和单位参加。主要负责制定受灾群众救助工作方案，下拨救灾款物并指导发放，统筹灾区生活必需品市场供应，指导灾区油、电、气等重要基础设施抢修，指导做好受灾群众紧急转移安置、过渡期救助和因灾遇难人员家属抚慰等工作，组织捐赠、援助接收等工作。

（11）社会治安组。由公安部门牵头，相关部门和单位参加。主要负责做好森林草原火灾有关违法犯罪案件查处工作，指导协助灾区加强现场管控和治安管理工作，维护社会治安和道路交通秩序，预防和处置群体性事件，维护社会稳定，协调做好火场前指挥部在灾区时的安全保卫工作。

（12）宣传报道组。由宣传部门牵头，新闻等部门和单位参加。主要负责统筹新闻宣传报道工作，指导做好现场发布会和新闻媒体服务管理。

（三）应急处置力量

1. 力量编成

扑救森林草原火灾以地方专业防扑火队伍、应急航空救援队伍、综合性消防救援队伍等受过专业培训的扑火力量为主，解放军和武警部队支援力量为辅，社会救援力量为补充。必要时可动员当地林区职工、机关干部及当地群众等力量协助做好扑救工作。

2. 力量调动

根据森林草原火灾应对需要，应首先调动属地扑火力量、邻近力量作为增援力量。

需跨市、县调动地方专业防扑火队伍和综合性消防救援队伍增援扑火时，分别由省、市森林草原防灭火指挥部统筹协调，由调出市、县森林草原防灭火指挥部组织实施，调入市、县森林草原防灭火指挥部负责对接及相关保障。

需跨区调动综合性消防救援队伍增援扑火时，由火灾发生地市、县人民政府或者应急管理部门向省、市应急部门提出申请，按有关规定和权限逐级报批。

需要解放军和武警部队参与扑火时，依照《军队参加抢险救灾条例》的有关规定，由省森林草原防灭火指挥部提出需求。

（四）前线指挥的基本内容和流程

前线指挥一般按以下程序和内容进行。

（1）早期处置。森林草原火情发生后，属地乡镇政府和林业部门按职责分工就近组织力量进行早期处置，实现"打早、打小、打了"，最大限度减少森林草原资源损失。同时，各级森林草原防灭火指挥部办公室要逐级报告火情动态及处置情况，不得瞒报、谎报、漏报和迟报。

（2）势态研判。充分利用卫星监测、飞机观察、瞭望观察、地面勘察等手段，全面了解火场情况，适时组织火情会商，分析判明发展态势，依据气象、植被、地形以及重点目标分布等情况确定扑救方案。适时通过视频连线与后方或上级指挥机构开展会商，共同研究应对措施，及时下定决心。

（3）力量调用。在当地力量早期处置的同时，根据火场发展蔓延态势，及时组织属地各类扑救力量有序增援，形成"一线快、二线强、三线足"的力量格局。需跨市、县调动扑救力量时，由上级森林草原防灭火指挥部按照有关程序和规定组织实施。

（4）任务部署。根据火情会商结果，火场前线指挥部应及时召开作战会议进行部署。紧急情况下，火情会商和任务部署可以接续或合并进行。部署任务时，重点是明确各力量任务分工、扑救方式、时限要求、指挥关系、协同要求、安全事项和保障措施，特别是任务结合部责任要落实到位。

（5）组织扑救。火场前线指挥部要随时掌握火情整体变化和扑救行动进程，实时调整部署，督促协同配合，指导一线力量把握最佳时段、选择最佳地段、运用最佳手段科学实施扑救，坚决防止贪功冒进、粗放指挥、各行其是、推诿扯皮或者有令不行。严格遵守"三先四不打"原则，即火情不明先侦察、气象不利先等待、地形不利先规避，未经训练的非专业人员不打火、高温大风等不利气象条件不打火、可视度差的夜间等不利时段不打火、悬崖陡坡沟深谷窄等不利地形不打火，坚决杜绝因处置森林火灾发生人员伤亡事件。

（6）清理看守。森林草原火灾明火扑灭后，要继续组织扑救人员做好余火清理工作，划分责任区城，并留足人员在规定时间内看守火场。原则上，清理和看守火场任务交由当地扑救力量执行，国家综合性消防救援队伍和跨区增援力量不担负清理看守任务。

（7）应急救援。当火场周边城镇、村屯和重要目标受到火灾威胁，或者发生人员伤亡等意外情况时，火场前线指挥部要在事前研判、在有足够应对准备的基础上，迅速调集力量进行处置，严密组织好人员转移安置、目标救援、医疗救护等工作。

（8）综合保障。主要是组织搞好通信、气象、交通、后勤、治安等方面的保障。常态建立应急物流和实物储备体系，确保平时有储备，遇有任务及时到位、持续供应。

（9）信息发布。火场前线指挥部应当及时、准确、全面对外发布灭火进展情况，发布内容主要包括起火原因、起火时间、火灾地点、过火面积、损失情况、扑救过程和火案查处、责任追究情况等。新闻发布稿件必须经新闻发言人审核并报总指挥审签。

（10）验收交接。整个火场各方向都报告达到无火、无烟、无气后，火场前线指挥部组织火场验收。通常由主要指挥员带领扑救指挥组的专业人员实施，有条件的要乘飞机对整个火场仔细查看一遍。经检查验收，确认实现"三无"后，再向上级报告、对外发布，之后扑救人员方可撤离。

（五）前线指挥的工作制度

火场前线指挥部应建立以下工作制度。

（1）作战会议制度。火场前线指挥部要每日定时召开会议，在汇总情况、总结讲评的基础上，重点研判会商火情，安排部署下一步的行动计划。通常早晚各1次，遇有紧急情况随时召开。

（2）集体决策制度。对于灭火行动总体方案和重大决策，火场前线指挥部要召开全体成员或者主要成员会议进行集体研究，广泛听取各方面意见，充分尊重专业指挥的意见，确保决策的科学性。意见无法统一时，总指挥有临机决断权。

（3）信息报送制度。火场前线指挥部要按照信息报送规定的内容和时限要求，不间断地收集整理灭火动态信息，经审核后，定时报告本级政府和上级森林草原防灭火指挥部。通常早中晚各报告一次，紧急情况或上级需要时应随时报告。

（4）安全防范制度。各层级、各力量指定专人负责火场安全工作，明确分工，建立纵向到底、横向到边的安全责任体系。结合火场实际制订安全防范事项、明确安全纪律，全程跟踪抓好落实。

（5）督查奖励制度。火场前线指挥部要结合灭火行动阶段特点，全程检查督导各部门的任务进展和安全工作落实情况，综合考评扑救队伍的灭火绩效。对工作积极负责、表现突出，有重大贡献的先进个人和集体要及时记录，任务结束后上报予以表彰。对责任不落实、命令不服从、处置不得力等失职渎职行为，依据有关法律法规严肃追究责任。

（6）协同响应制度。火场前线指挥部要全程指导监督各部门、各力量建立通联、搞好协同，严格落实规定的指挥关系和协同动作。灭火行动中，有协同配属关系或者相邻任务区的各力量任务进展情况要定时互相通报，任务部署有调整、发现突发险情时要立即通报、同步响应、联合处置。

（六）前线指挥的保障措施

重点要做好以下保障：

（1）通信保障。统一制定火场通信规则，充分运用公网和专网通信资源，建立两种以上保通手段，确保火场通信畅通。未经火场前线指挥部批准，不得关闭通信设备或随意占用通信频道。

（2）技术保障。各级气象部门为扑火工作提供火场气象保障服务，包括火场天气实况、天气预报、高火险警报、人工增雨等技术保障；林业院校和森林防火科研机构的森林防灭火专家提供灭火技术咨询和现场指导；各级测绘部门负责火灾现场区域的测绘工作，绘制火场态势图；各级林业部门负责调度相关技术力量和设备，侦查现场火情、跟进火场态势等工作。

（3）工程保障。各级工程抢险部门负责火灾现场临时架桥、开路，机降区、临时蓄水池开挖、隔离带开设和重要设施的保护工作。

（4）交通保障。统筹做好交通应急通行保障，及时疏通通往火场的主要道路，落实周边道路交通管控措施，全力保障运输救援力量、物资、装备的车辆优先顺畅通行。

（5）后勤保障。当地政府要为火场前线指挥部提供指挥办公、给养和宿营等相关保障，为前往火场一线的人员配备防火服、防火头盔等个人安全防护装备，统筹组织一线扑救力量的装备物资前送及伴随保障。

（6）安置保障。各级应急部门负责制定受灾群众救助工作方案，指导做好火场受灾群众紧急转移安置和因灾遇难人员家属抚慰工作；各级属地政府统筹灾区生活必需品市场供应，负责火灾现场用水用电和扑救队伍食宿保障工作。

（7）治安保障。各级公安部门做好火场安全保障工作，进行现场秩序维护、交通疏导、火场周边警戒，开展火案调查的工作；预防和处置群体事件，维护社会稳定；协调做好指挥部在火场时的安全保卫工作。

（8）物资资金保障。属地政府要确保火灾现场所需各类扑救装备、防护装具、救灾物资齐备，确保急需物资的应急采购和调用。动用应急救灾资金或防灭火专项资金对火场各类行动和任务实施进行经费保障。

（9）医疗卫生保障。各级卫健委组织指导火灾现场医疗救助和卫生防疫工作；统筹协调医疗救护队伍和医疗器械、药品；调度现场急救和转诊救治工作。

四、常用森林草原灭火技术

森林草原灭火技术是扑救森林草原火灾的方法、手段、技能的总称。森林草原燃烧必须具备可燃物、氧气和一定温度三个要素，破坏了这三个要素中的任何一个，森林草原燃烧就会停止，火灾就随之熄灭。因此，所有灭火技术手段都是以破坏森林草原燃烧三要素为目的来实施的。目前，我国常用的森林草原灭火技术主要分为7种：风力灭火、以水灭火、化学灭火、手工具灭火、以火攻火、隔离灭火和机械灭火。

（一）风力灭火

风力灭火是利用风力灭火机产生的高速气流将火和可燃物分离，并带走部分热量，从而使火熄灭的灭火技术。风力灭火作为森林消防队伍最基本、最常用的灭火手段之一，适用于我国大部分地区灭火作战，特别是扑救植被稀疏地段的中低强度地表火效果明显。缺点是扑救不彻底、人火近距离直接对抗、安全风险高等。运用时应把握以下三点：

第一，必须沿火线由外向内实施扑打，将燃烧的细小可燃物彻底吹离火线外围，并防止火星掉落至火线外侧，形成新的火点。

第二，必须合理编成扑打、清理、看守组，扑打一段，清理一段，全线死看死守，确保一次性彻底扑灭，防止复燃。

第三，必须派出观察员密切关注周边火势变化，确保遇有突发情况灵活高效处置。

（二）　以水灭火

以水灭火是将水直接作用于燃烧的可燃物，通过阻隔氧气、降低可燃物温度、破坏燃烧环境而使火熄灭的灭火技术。以水灭火的优势是灭火彻底、应用范围广、安全系数高、经济绿色环保。通常包括水泵灭火、消防车灭火、水枪灭火、空中洒水灭火、人工降水灭火等方式。运用时应把握以下四点：

第一，平时加强天然水源信息收集，熟悉管护区域河流、水库、池塘等可利用水源分布情况；火灾时派出侦察力量，全面细致勘察取水点坐标、蓄水量、水源深度等信息，为快速高效取水灭火创造条件。

第二，采取消防车运水、管线系统输水、人力送水等方式向火场供水，确保灭火一线水源供给充足。

第三，根据火势强度、蔓延速度、周边地形环境等，选择适宜的以水灭火装备实施灭火，提高火灾扑救速度和水源利用效率。

第四，搞好基础设施建设，在天然水源匮乏的重点林区、重点火险区修建蓄水池、输水管、引水渠等，主动创造以水灭火的条件。

（三）化学灭火

化学灭火是利用飞机、消防车辆、便携式机具等喷洒化学灭火剂或者通过发射、投掷灭火弹释放化学灭火剂等方式，使火熄灭或阻滞火蔓延扩展的灭火技术，化学灭火具有适用面广、效率高等优势。运用时应把握以下三点：

第一，掌握好配兑比例，节约成本，提高利用率。

第二，运用灭火弹实施灭火有一定的危险性，对操作者射击、投掷精度要求高，成本也比较高，主要用于特殊时段压制火势或避险自救，应加强针对性训练，提高操作使用熟练程度，避免因操作不当引发安全问题。

第三，单纯运用化学灭火难以实现火场彻底熄灭，必须与其他灭火手段综合运用，提高灭火效能。

（四）手工具灭火

手工具灭火是利用二号工具、锹、镐、耙等直接扑打或用土覆盖灭火的技术。手工具灭火具有便于携行、操作简单、成本较低等特点，但其应用面窄、扑救效能低、安全风险高，人力物力投入大的弊端也比较明显。运用时应把握以下两点：

第一，主要用于扑救低强度地表火及地下火、清理火场，也可用于扑打特定地段的林火。

第二，要按基数携带工具，与其他灭火装备编组配合使用，最大限度提高灭火效率。

（五）以火攻火

以火攻火是指在火线蔓延前方适当位置主动点烧，在人为控制下，使点烧的火线迎着火场烧去，并迅速扑灭点烧火线的外侧余火，达到烧除可燃物、阻断火线蔓延的灭火技术。以火攻火主要用于控制、阻断无法直接扑打或威胁重要目标的火线，也是保护灭火人员安全的有效方法。其优势在于灭火效率高，人力物力投入少，但操作风险大，技术要求高，组织难度大，一旦运用不当，反而会助长火势，甚至威胁灭火人员的安全。运用时应把握以下五点：

第一，必须有可靠的依托，如河流、道路、植被稀疏地带或裸土带、人工开设的隔离带等。

第二，必须在有效的控制范围之内，保证有足够的人员和装备有效控制点烧的火线发展。

第三，必须充分利用地形和气象条件，尽可能点顺风火和上山火，少点山脊火和下山火，严禁点沟谷火；四级以上的大风条件下不宜以火攻火。

第四，必须及时跟进扑灭余火，点烧的火线与烧来的火线相遇后，要立即消灭余火，严防跑火。

第五，必须掌握好点火的时机，由于火攻技术风险较大，要紧密结合火场实际灵活运用，确保人员安全。

（六）隔离灭火

隔离灭火是指在火线蔓延前方，开设隔离带，阻隔控制火线蔓延的灭火技术。隔离灭火主要用于控制高强度林火和地下火，保护重要目标、重点林区安全，应用较为广泛。运用时应把握以下四点：

第一，加强火场侦察，全面掌握火势发展蔓延方向、速度、强度及火场周边地形、植被、水系、道路交通等信息，科学研判火情发展趋势，为选择隔离带开设地域提供依据。

第二，注重利用公路、溪流、沼泽等自然依托开设隔离带，无依托时选择下山火地段或地势平坦地段进行开设。

第三，灵活运用人工作业、机械作业等方法加快隔离带开设进度，时间允许时，进一步拓宽隔离带或开挖防火隔离沟、生土带等，确保阻隔效果。

第四，火线蔓延至隔离带火势降低或自然熄灭时，要及时组织力量快速扑打清理，防止突破隔离带。

（七）机械灭火

机械灭火是指利用履带式森林消防车、推土机、防火犁等机械装备碾压火线直接灭火的技术。机械灭火主要用于扑救地形平缓（坡度35°以下）的草原、草甸、林草结合部、幼林地、疏林地火线，具有机动灵活、突击性强、安全高效等特点。运用时应把握以下三点：

第一，将机械灭火分队集群使用，集中部署在火场主要方向或重点地段，充分发挥其攻坚、突击作用。

第二，组织碾压火线灭火时，机械装备应沿火线外侧实施碾压，对火灾强度大、蔓延速度快的地段要反复实施碾压。

第三，要组织力量跟进清理，增强灭火效果。

第六讲　地质灾害应急处置要点

地质灾害是指自然因素或者人为活动引发的危害人民生命和财产安全的山体崩塌、滑坡、泥石流、地面塌陷、地裂缝、地面沉降等与地质作用有关的灾害。

一、地质灾害分级

（一）地质灾害规模分级

依据地质灾害发生体积的大小，将地质灾害划分为巨型、大型、中型和小型四个规模等级。不同类型的地质灾害，规模分级的体积大小界限不一，具体见下表。

滑坡、崩塌（危岩体）、泥石流规模级别划分标准表　万立方米

级别	滑坡	崩塌	泥石流
巨型	≥1000	≥100	≥50
大型	100 ~ <1000	10 ~ <100	20 ~ <50
中型	10 ~ <100	1 ~ <10	2 ~ <20
小型	<10	<1	<2

（二）地质灾害灾情分级

依据地质灾害造成人员死亡（失踪）、直接经济损失的大小，将地质灾害灾情分为四个等级：

特大型：因灾死亡和失踪30人（含）以上，或因灾造成直接经济损失1000万元（含）以上的。

大型：因灾死亡和失踪10人（含）以上30人以下，或因灾造成直接经济损失500万元（含）以上1000万元以下的。

中型：因灾死亡和失踪3人（含）以上10人以下，或因灾造成直接经济损失100万元（含）以上500万元以下的。

小型：因灾死亡和失踪3人以下，或因灾造成直接经济损失100万元以下的。

（三）地质灾害险情分级

依据地质灾害威胁人员、财产的大小，将地质灾害险情分为四个等级：

特大型：受地质灾害威胁，需搬迁转移人数在1000人（含）以上或潜在可能造成的经济损失1亿元（含）以上的。

大型：受地质灾害威胁，需搬迁转移人数在500人（含）以上

1000 人以下，或潜在可能造成的经济损失 5000 万元（含）以上 1 亿元以下的。

中型：受地质灾害威胁，需搬迁转移人数在 100 人（含）以上 500 人以下，或潜在可能造成的经济损失 500 万元（含）以上 5000 万元以下的。

小型：受地质灾害威胁，需搬迁转移人数在 100 人以下，或潜在可能造成的经济损失 500 万元以下的。

二、地质灾害避险自救要点

（一）地质灾害高发区居民点的避险准备

为紧急避险，地质灾害高发区的居民要在专业技术人员的指导下，在县、乡、村有关部门的配合下，事先选定地质灾害临时避灾场地，提前确定安全的撤离路线、临灾撤离信号等，有时还要做好必要的防灾物资储备。

（二）临时避灾场地的选定

在地质灾害危险区外，事先选择一处或几处安全场地，作为避灾的临时场所。避灾场所一定要选取绝对安全的地方，绝不能选在滑坡的主滑方向、陡坡有危岩体的坡脚下或泥石流沟沟口。在确保安全的前提下，避灾场地距原居住地越近越好，地势越开阔越好，交通和用电、用水越方便越好。

（三）撤离路线的选定

撤离危险区应通过实地踏勘选择好转移路线，应尽可能避开滑坡的滑动方向、崩塌的倾崩方向或泥石流可能经过的地段。尽量少穿越危险区，沿山脊展布的道路比沿山谷展布的道路更安全。

（四）预警信号的规定

撤离地质灾害危险区，应事先约定好撤离信号（如广播、敲锣、击鼓、吹笛等）。制定的信号必须是唯一的，不能乱用，以免误发。

（五）发生崩塌时的避险自救

崩塌发生时，如果处于崩塌影响范围外，一定要绕行；如果处于崩塌体下方，只能迅速向两边逃生，越快越好；如果感觉地面震动，也应立即向两侧稳定地区逃离。

（六）发生泥石流时的避险自救

当处于泥石流区时，不能沿沟向下或向上跑，而应向两侧山坡上跑，离开沟道、沟谷地带，但应注意，不要在土质松软、土体不稳定的斜坡停留，以防斜坡失稳下滑，应在基底稳固又较为平缓的地方暂停观察，选择远离泥石流经过的地段停留避险。另外，不应上树躲避，因泥石流不同于一般洪水，其流动中可能剪断树木卷入泥石流，所以上树逃生不可取。应避开河（沟）道弯曲的凹岸或地方狭小高度不高的凸岸，因泥石流有很强的掏刷能力及直进性，这些地方可能被泥石流冲毁。

三、地质灾害应急处置

（一）地质灾害应急处置主要任务

（1）第一时间建立地质灾害应急救灾现场指挥机构，启动应急预案，根据防灾责任制明确各部门工作内容。

（2）根据险情和灾情具体情况提出应急对策，转移安置人群到临时避灾点，在保障安全的前提下，有组织地救援受伤和被围困的人员。

（3）对灾情和险情进行初步评估并上报，调查地质灾害成因和发展趋势。

（4）划定地质灾害危险区并建立警示标志。

（5）加强地质灾害发展变化监测，并对周边可能出现的隐患进行排查。

（6）排危及实施应急抢险工程。

（7）信息、通信、交通、医疗、救灾物资、治安、技术等应急保障措施到位。

（8）根据权限做好灾害信息发布工作，信息发布要及时、准确、客观、全面。

（二）地质灾害应急避让场地的选择

在对辖区内地质环境调查的基础上，依托技术单位选定临时应急避让场所。

（1）场址尽量选在地形平坦开阔，水、电、路易通入的区域。

（2）选在历史上未发生过滑坡、崩塌、泥石流、地面塌陷、地面沉降及地裂缝等地质灾害的地区。

（3）场址不应选在冲沟沟口及弃渣场、废石场、尾矿库（矿区）的下方。

（4）避开不稳定斜坡和高陡边坡。

（5）不宜紧邻河（海、库）岸边。

（6）避开地下采空区诱发的地表移动范围。

（7）存在工程地质条件制约因素时，应实施相应的处置措施。

（三）灾后抢险救灾

（1）监测人、防灾责任人及时发出预警信号，组织群众按预定撤离路线转移。

（2）在确保安全的前提下开展灾后自救，包括被困人员自救、家庭自救、村民互救。

（3）不要立即进入灾害区去挖掘和搜寻财物，避免灾害体进一步活动导致的人员伤亡。

（4）及时向上级报告灾情。

（5）灾害发生后，迅速组织力量巡查滑坡、崩塌斜坡区和周围地区是否还存在较大的危岩体和滑坡隐患，并应迅速划定危险区，禁止人员进入。

（6）有组织地救援受伤和被围困的人员。

（7）注意收听广播、收看电视，了解近期是否还会有发生暴雨的可能。如果将有暴雨发生，应该尽快对临时居住的地区进行巡查，避开灾害隐患。

（四）转移避让后何时返回居住地

经专家鉴定地质灾害险情或灾情已消除，或者得到有效控制后，当地县级人民政府撤销划定的地质灾害危险区，转移后的灾民才可撤回居住地。

四、崩塌应急抢险措施

（1）加强监测，做好预报，提早组织人员疏散。

（2）对规模较小的危岩，在人员撤出后可采用爆破清除，消除隐患。

（3）在山体坡脚或半坡上，设置拦截落石平台和落石槽沟、修筑拦坠石的挡石墙，用钢质材料编制栅栏挡截落石等工程防治小型崩塌。

（4）采用支柱、支挡墙或钢质材料支撑在危岩下面，并辅以钢索拉固。

（5）采用锚索、锚杆将不稳定体与稳定岩体联固。

（6）因差异风化诱发的崩塌，采用护坡工程提高易风化岩石的抗风化能力。

（7）疏排地下水。

五、滑坡应急抢险措施

（1）避：加强监测，做好预报，提早组织人员疏散。

（2）排：截、排、引导地表水和地下水，开挖排水和截水沟将地表水引出滑坡区；对滑坡中后部裂缝及时进行回填或封堵处理，防止雨水沿裂隙渗入滑坡中，可以利用塑料布直接铺盖，或者利用泥土回填压实封闭；以盲沟、排水孔等工程疏排地下水。

（3）挡：采用抗滑桩、挡土墙、锚索、锚杆等工程对滑坡进行支挡，是滑坡治理中采用最多、见效最快的手段。

（4）减：当滑坡仍在变形滑动时，可以在滑坡后缘拆除危房，工程削方清除部分土石，以降低滑坡的下滑力，提高整体稳定性。

（5）压：当山坡前缘出现地面鼓起和推挤时，表明滑坡即将滑动。这时应该尽快在前缘堆积沙石压脚，抑制滑坡的快速发展，为滑坡的应急治理赢得时间。

（6）固：结合微型柱群对滑带土灌浆提高滑带土的强度，增加滑坡自抗滑力。

六、泥石流应急抢险措施

（1）避：居民点、安置点应避开泥石流可能影响的沟道范围和沟口。

（2）排：截、排、引导地表水形成水土分离以达到降低泥石流暴发频率及规模的目的。

（3）拦：修建挡沙坝和谷坊坝，起到拦挡泥石流松散物并稳定谷坡的作用。工程实施可以改变沟床纵坡、降低可移动松散物质量、减小沟道水流的流量和流速，从而达到控制泥石流的作用。

（4）导：修建排导槽引导泥石流通过保护对象而不对保护对象造成危害。

（5）停：在泥石流沟道出口有条件的地方采用停淤坝群构建停

淤场，以减小泥石流规模使其转为挟沙洪流，降低对下游的危害。

（6）禁：禁止在泥石流沟中随意弃土、弃渣、堆放垃圾。

（7）植：封山育林、植树造林。

第七讲　堰塞湖险情应急处置要点

堰塞湖主要是由于火山熔岩流、地震、暴雨等自然灾害引起山体滑坡堵塞河流，储水形成湖泊。一旦湖水漫溢，堰塞体溃决，容易造成洪灾，危害很大。

一、堰塞体危险性等级划分

（一）堰塞湖规模划分

根据堰塞湖可能最高水位对应的库容将堰塞湖的规模划分为大型、中型、小（1）型和小（2）型。

大型：堰塞湖库容≥1.0亿立方米。

中型：堰塞湖库容0.1~1.0亿立方米。

小（1）型：堰塞湖库容0.01~0.1亿立方米。

小（2）型：堰塞湖库容＜0. 01 亿立方米。

（二）堰塞体危险级别划分

堰塞体危险性分级依据堰塞湖规模、堰塞体高度和物质组成综合判别，划分为极高危险、高危险、中危险、低危险四个等级，按照《堰塞湖风险等级划分标准》（SL 450—2009），堰塞体危险性分级如下：

极高危险堰塞体：大型堰塞湖或高度大于 70 米的堰塞体且组成以土质为主。

高危险堰塞体：中型堰塞湖或高度介于 30～70 米之间的堰塞体且组成是土含大石块。

中危险堰塞体：小型堰塞湖或高度介于 15～30 米之间的堰塞体且组成是大石块含土。

低危险堰塞体：小型堰塞湖或高度低于 15 米的堰塞体且组成是大石块为主。

（三）堰塞体溃决损失严重性级别划分

根据堰塞湖影响区的风险人口、重要城镇、公共或重要设施等情况，将堰塞体溃决损失严重性级别划分为极严重、严重、较严重和一般。

极严重：风险人口≥100 万，或地级市政府所在地，或国家重要交通、输电、油气干线及厂矿企业和基础设施、大型水利工程或大规模化工厂、农药厂和剧毒化工厂所在地。

严重：风险人口 10 万～100 万，或县级市政府所在地，或省级重要交通、输电、油气干线及厂矿企业、中型水利工程或较大规模化工厂、农药厂所在地。

较严重：风险人口 1 万 ~ 10 万，或乡镇政府所在地，或市级重要交通、输电、油气干线及厂矿企业或一般化工厂和农药厂所在地。

一般：风险人口 < 1 万，或乡村以下居民点，或有一般重要设施及以下。

（四）堰塞湖风险等级划分

堰塞湖风险等级可根据堰塞体危险性级别和溃决损失严重性级别分为极高危险、高危险、中危险和低危险，分别用Ⅰ级、Ⅱ级、Ⅲ级、Ⅳ级表示。

堰塞湖风险等级	堰塞体危险性级别	溃决损失严重性级别
Ⅰ级	极高危险	极严重、严重
	高危险、中危险	极严重
Ⅱ级	极高危险	较严重、一般
	高危险	严重、较严重
	中危险	严重
	低危险	极严重、严重
Ⅲ级	高危险	一般
	中危险	较严重、一般
	低危险	较严重
Ⅳ级	低危险	一般

（五）堰塞湖应急处置期洪水标准

堰塞湖风险等级	洪水重现期（年）
I	≥5
II	3～5
III	2～3
IV	<2

（六）堰塞湖后续处置期洪水标准

堰塞湖风险等级	洪水重现期（年）
I	≥20
II	10～20
III	5～10
IV	<5

二、应急处置原则

堰塞湖应急处置应遵循以下原则：

第一，以人为本，把确保人民群众生命安全放在首位。

第二，坚持安全、科学、快速的指导方针。

第三，坚持主动、及早，排险与避险相结合的处置原则。

三、应急处置流程

（一）收集资料

1. 水文气象资料

（1）堰塞湖所在区域的气温、降水、风、雾和冰情等气象资料。

（2）流域自然地理概况、流域与河道特性、堰塞体以上集水面积、流域内水文站分布及暴雨洪水特性等水文资料。

（3）分析计算堰塞湖的水位库容关系曲线。

（4）设计洪水计算成果，需水库调节计算时，宜提出洪水过程线。

2. 地形地貌资料

（1）已有地形资料及大地测量控制系统，有条件时可收集航空摄影测量、卫星遥感测量等资料。

（2）统一地形资料坐标和高程系统，并明确与水文高程系统的转换关系。

（3）实测堰塞体及周边范围的地形，分析堰塞体的体型，包括堰塞体长度、宽度、高度、体积和形态等。

3. 地质资料

（1）堰塞湖区所在大地构造部位、主要断裂构造及其活动性等区域地质概况，收集附近场区已有地震安全性评价资料。

（2）堰塞体上、下游影响范围内崩塌、滑坡、危岩体及泥石流的分布，以及可能失稳边坡的地形地貌、地层岩性、地质构造及水文地质条件等，确定可能失稳边坡的分布范围、体积和边界条件，泥石流的活动特性及其规模。

（3）堰塞体区的基本地质条件，包括地形地貌地层岩性、地质构造、水文地质条件、工程地质条件、物理地质现象等。

（4）堰塞体和堰基的结构、物质组成、物理力学性质、水文地质特性，分析堰塞体的形成机制。

（5）堰塞体和有关滑坡、边坡稳定分析计算所需岩土物理力学参数建议值。有条件时可进行必要的地质勘探（包括物探）和试验。

4．其他资料

（1）堰塞湖影响范围内的社会经济指标及人文状况等资料。

（2）堰塞湖库区淹没的实物指标及下游影响区的范围、人口数量与城乡分布、重要设施分布及其防洪标准等资料。

（3）堰塞湖形成前、后交通状况。

（4）应急处置施工场地和水、电、物资供应等施工条件资料。

（二）安全性评价

1．堰塞湖风险等级初步评价

（1）应根据堰塞体所处河流多年水文资料，采用堰塞湖应急处置期洪水标准，预测堰塞湖应急处置期可能最大来水量和堰塞湖水位，作为堰塞湖风险评估的基本依据。

（2）初步确定堰塞湖风险等级，作为堰塞湖应急处置的依据。

2．堰塞体危险性评价

（1）初步判别为高危险及以上级别的堰塞体，应对堰塞体岩、土结构进行详细调查分析。辅以可能的物探、坑槽探和室内试验，提出堰塞体材料分区、重度、颗粒组成、抗剪强度参数、渗透系数及抗冲流速等建议值，评价堰塞体结构和渗透稳定性。

（2）对具备挡水能力的堰塞体，应进行必要的渗流计算和边坡稳定计算；对防渗性能差和短期内可能会漫顶的堰塞体，应根据堰塞体物质组成、最大可能冲刷水头，评估堰塞体抗冲刷破坏能力。

3. 上、下游影响评估

（1）高危险及以上级别的堰塞体，应在上、下游影响初步调查的基础上进行上、下游影响评估。

（2）应对堰塞湖上、下游淹没及影响范围内的人口和重要城镇、重要设施以及有毒、有害、放射性等危险品的生产与仓储设施等产生的影响进行评估。

（3）上游受灾范围可根据堰塞湖不同水位采用水平延伸法确定。

（4）下游影响范围的确定应以溃坝洪水计算为基础。溃坝洪水分析计算宜根据河道水文地形条件进行非稳定流计算，条件不具备时，可参照有关标准提供的计算方法或其他经论证的方法。

（5）应利用溃坝洪水分析计算得到的溃坝洪峰流量推求下游河道各断面水位，预测洪水淹没区域及影响范围。

（6）应根据堰塞体岩土结构状况，分析拟定堰塞体可能的溃决方式。

（7）堰塞体溃口形态宜根据河谷地貌形态、堰塞体物质组成和形态综合判定，或用经验公式拟定。

4. 堰塞湖风险性综合评价

（1）应根据堰塞体危险级别和对上、下游的影响程度，按《堰塞湖风险等级划分标准（SL 450—2009）》确定堰塞湖风险等级。

（2）风险等级为Ⅰ级、Ⅱ级的堰塞湖，应按应急处置指挥机构要求，提出堰塞湖风险性评价报告。

（三）应急处置方案编制

1. 方案编制的一般规定

（1）应急处置方案应根据堰塞湖风险等级由相应的人民政府主导组织编制。

（2）应急处置应建立跨部门的统一联动协调机制。

（3）应急处置方案应达到能立即组织实施的深度。

（4）应急处置技术方案编制单位应具有相关资质，具备编制处理方案和提供现场技术服务的能力，并对技术方案负责。

（5）呈报决策部门的技术方案报告应包括概况、水文、地形地质、溃坝洪水分析计算、堰塞湖风险等级评价、处理方案（包括工程措施与非工程措施）及其风险分析、施工组织设计等内容。

（6）应急处置方案应经决策部门批准后组织实施。技术方案出现重大变更时，应报决策部门重新批准。

2. 方案编制原则

（1）应急处置方案应避免人员伤亡，减少损失，保证重要设施的安全，降低堰塞湖的风险等级。

（2）工程措施应便于快速实施；非工程措施应考虑当地的实际情况，便于实施。

（3）应急处置应在灾难性后果发生前完成；在非汛期形成的堰塞湖，应在汛前完成应急处置，并满足应急度汛要求。

（4）如施工条件、工期许可，应采取工程措施降低堰塞湖水位。

（5）在处置过程中应根据实际情况及时对工程处置方案进行动态调整。

3. 应急处置工程措施

应急处置措施主要包括工程措施和非工程措施。

制定工程措施时应根据堰塞湖的具体情况，因地制宜，选用一种或多种组合措施。应急处置的工程措施主要有以下几类：

（1）堰塞体开渠泄流、引流冲刷、拆除，上游垭口疏通排洪、湖水机械抽排、虹吸管抽排、新建泄洪洞等湖水排泄措施。

（2）下游建透水坝壅水防冲。

（3）下游河道与影响区内设施防护和拆除。

（4）堰塞湖内水位变化和下游河道洪水冲刷可能引起的地质灾害体的防护。

（5）对高危险级及以上级别的堰塞体，高度大于 30 米时，采用引流槽方案应论证后报批。

湖水排泄措施的选择应遵循以下原则：

（1）当堰塞体体积较大、不易拆除，其构成物质以土石混合物为主，具备水力快速冲刷条件时，经论证可在堰塞体上开挖引流槽，利用引流槽过水后水流的冲刷逐步扩大过流断面，增大泄流能力，降低堰塞湖水位。

（2）当堰塞体体积较大、不易拆除，但其构成物质以大块石为主，不具备快速水力冲刷条件时，可采取机械或爆破开挖泄流渠。

（3）当堰塞体体积较小，具有在较短时间内拆除的可能性，拆除期溃决不会对施工人员、设备及下游造成危害时，可对堰塞体进行机械或爆破拆除，恢复河道行洪断面。

（4）对库容较小且来水量较小的堰塞湖，可采用机械抽排、虹吸管抽排等措施。

（5）若上游库区有天然垭口或堰塞体上存在天然泄流通道时，

应研究利用的可能性，并对其可靠性、稳定性进行评估。

（6）当堰体上难以实施工程措施，且有条件选择较短线路布置泄洪洞并有较充裕的施工时间时，可采用泄洪洞泄水，泄洪洞进、出口布置应避开不稳定堆积体或泥石流。

4．应急处置非工程措施

应急处置非工程措施包括：应急避险范围、应急避险预案和应急避险保障。

（1）应急避险范围。应根据影响情况，确定应急避险范围、时段和影响程度。

1）上游避险范围应为最高可能水位对应的淹没区和堰塞湖水位变化引起的次生地质灾害影响区。对中型及以上规模的堰塞湖，宜按蓄水计算或调洪计算确定上游淹没区。

2）下游应急避险范围应为堰塞湖泄流后下游过水区及可能引起的塌岸、滑坡气浪冲击等次生灾害影响范围。

（2）应急避险技术方案。对于风险等级为Ⅰ级、Ⅱ级的堰塞湖，应制定应急避险技术方案。按照水情预测的上游来水情况、上游水位上升速度、堰塞体上下游边坡稳定状况、堰塞体渗水量等确定应急响应等级的标准。应急响应等级可采用黄色预警、橙色预警、红色预警。

1）黄色预警下，应急避险范围内的所有单位、部门和人员应按预案措施进入防范状态。

2）橙色预警下，应急避险范围内的所有单位、乡镇、社区、学校应停工、停课，转移、保护重要设备设施，人员应按照预案程序进入疏散准备状态。

3）红色预警下，应急避险范围内的所有人员应按照预案程序进行紧急疏散、转移。

（3）应急避险保障措施。应急避险保障措施主要包括避险时段的物质、交通运输、医疗等保障措施。应确定避险范围内人员转移及人员疏散后的排查方式，责任单位应落实责任人，与指挥部相关责任部门联合进行排查，严格控制避险时段内的人员回流。

（四）应急处置施工组织

应急处置施工组织设计的内容宜包括施工布置、施工方法、施工进度、资源配置、对外交通、通信保障、后勤保障及安全措施等，并在实施过程中根据现场条件动态调整。

施工方法应力求简单、有效、快速和易于实施。应根据水文、气象条件和险情状况等综合分析拟定应急除险工程要求的完工日期，计算可以利用的有效工期，并留有余地。

施工设备配置应综合交通运输条件和现场布置条件选择确定，宜配置可靠、高效的设备，人员、设备数量应充足并较常规施工有富余。

特殊条件下的施工运输和后勤保障技术应符合以下原则性规定：

（1）通过陆路、水路及空中运输条件综合分析确定施工运输方案，宜选择陆路交通方案。

（2）现场正常施工时，应建立和保障畅通的运输通道及信息通道，保障设备、人员、材料及后勤补给的运输，并充分考虑地震、降雨、融雪等引发的次生灾害对交通的影响，分析拟定备选方案和应急措施。

（3）应根据应急处置工程方案、施工场地条件、运输条件、施工工期等分析拟定施工设备的类型及数量，并配置足够的备用设备。

四、应急处置施工流程

（一）应急处置施工总体流程

（1）了解险情、堰塞体稳定性和土石成分。

（2）确定排险时间表。

（3）确定泄流渠（槽）线路。

（4）估算开挖工程量。

（5）配置机械设备、人员进场。

（6）测量放线。

（7）开挖、清渣。

（8）渠（槽）身防护。

（9）掘口引水泄流。

（10）泄流（冲渣）效果检查。

（11）继续施工或完工撤离。

（二）应急处置施工具体流程

收集资料，掌握险情。接到抢险任务后，立即与上级指挥部门联系，或通过当地气象、交通、通信等部门收集任务区的地质、降雨量、交通、通信等资料，尤其是近期降雨和道路通行、畅通情况，尽可能地到现场查看。

分析堰塞体稳定性和土石成分。参考收集到的水文、地质资料，结合现场堰塞体实际堆积情况，推断出堰塞体土石比例。通过分析堰塞体的整体稳定性，相对保守地计算出堰塞湖溃决的临界水位。

确定排险时间表。通过在湖边设置简易水位尺，进行详细的水位涨落记录，结合当地近期降雨情况、堰塞湖区域集雨汇流情况，推算该堰塞湖上涨至溃决临界水位需要的时间。该段时间原则上即为能够进行排险施工的最长时限，必须科学安排抢险施工各工序时间节点。

确定泄流渠（槽）路线。选择泄流渠（槽）路线时，在确保泄流时堰塞体及边坡稳定情况下，应优先考虑施工难度不大、开挖工程量小的路线。为避免施工时可能引起两侧山体新的塌滑，一般在靠近堰塞体中部布置泄流渠（槽）。

确定泄流渠（槽）参数。泄流渠（槽）开挖路线选定后，根据泄流量，结合现场实际情况，确定开挖断面和纵坡比等参数。

估算开挖工程量。根据已确定需要开挖的泄流渠（槽）开挖断面和路线长度，计算出开挖工程量。并按推断的土石比例，计算出土方和石方工程量，作为组织机械设备和物资进场的依据。

配置机械设备。设备物资保障部门按照抢险方案制定的资源配置表做准备，检查机械设备性能状况是否良好，清点物资是否缺漏。

测量作业。测量作业主要包括以下四个方面：

一是，设置水位尺。选择堰塞湖边安全稳定位置设置简易水位尺，每小时进行一次水位记录，计算每小时水位平均上涨情况并及时上报，其将作为重要的施工决断参数。

二是，开挖开口线放样。根据山体滑落面土石情况，土质边坡一般为 $1:0.75 \sim 1:1.2$，石质边坡一般为 $1:0.1 \sim 1:0.3$。技术人员现场确定泄流路线时，测量作业人员用彩旗在中线做好标识，各开口线点布置根据开挖深度和坡比进行，直接用皮尺或钢卷尺丈量距离定位。

三是，开挖深度控制。选择比较稳固和通视较好的位置作为测量基点，以自由测站模式进行工作。根据现场技术负责人提供的泄流渠（槽）入口开挖深度和渠道纵坡，计算出泄流渠（槽）中线上各点开挖深度，进行放样、交底和测量校核。

四是，测量基点的校核。选择两处以上的固定点，每天进行一次测量基点校核，避免因基点发生整体性位移导致测量错误，影响施工决断。

开挖、清渣。根据现场作业面条件，选择机械、爆破、人工或组合方式组织实施。

掘口引流。泄流渠（槽）开挖完成、渠体（槽口）经砌体或堆石防护后，应先掘开小口进行通水试泄流，如果渠（槽）体坡面基本稳定，即可用挖掘机掘开预留的挡水埝，能够由中间向两侧同时开挖的，宜安排至少2台挖掘机同时开挖，为泄流争取时间。因安全情况不能满足对向同时开挖的，应按预先布置从一侧开始施工。挖掘机掘口泄流时，应注意观察泄流水流情况变化，保持适当的过流量以保证泄流处于受控状态。

泄流效果检查。泄流开始后，应沿泄流渠（槽）观察过流情况：

第一，查看泄流渠（槽）本身安全稳定情况，出现坍塌堵塞时予以清理。

第二，查看水流是否能够冲走石碴，以便调整堰塞湖泄流流量。

第三，查看泄流渠（槽）出水口冲刷情况，出现过度掏蚀情况及时处理，避免发生危险。

（三）应急处置施工安全注意事项

1. 机械开挖

（1）机械开挖时，施工现场应加派技术人员进行检查，发现开挖偏离设计线路时，应及时调整，防止泄流槽偏离设计路线，确保泄流效果。

（2）施工工作面上部危石需清理完后才能施工，若无法清理必须施工的，施工前必须采取安全保障措施（如开挖前在开挖面设置土埂，加派安全员在现场进行观察，若有异常现象，人员立即撤离），必须确保施工作业人员安全，避免次生灾害的发生。

（3）靠近堰塞体边缘施工时，设备操作人员必须注意周边情况，避免局部塌落失稳危及设备和人员安全。

（4）夜间施工时，设置好照明系统。施工部位应安排在安全地带，并加强监测，确保通信通畅。掘口引流和水边作业时，必须先探明安全情况，避免贸然靠近而发生沉陷和侧翻危险。规划好临时避险场所和安全撤离路线。

2. 爆破作业

（1）火工品运至施工现场时，应指派专人管理，做好火工品领用记录。

（2）石方爆破作业时，应严格按照爆破设计进行爆破，确保爆破效果。若施工条件不变，确实需要更改爆破的，需及时将情况汇报给爆破工程师，根据具体情况，合理调整爆破参数，确保爆破效果。

（3）石方爆破应尽量避免夜间爆破作业，若需夜间进行爆破作业的，要加强夜间照明，加大对装药、联网的检查力度，扩大爆破警戒范围。

（4）堰塞湖抢险处理完毕后，及时对剩余火工品做好清退、销毁处理和登记。

3. 现场安全

（1）指派专人负责收集灾情和险情信息，特别是降雨和堰塞湖湖水变化情况，一旦有异常立即向现场负责人汇报。

（2）现场施工作业应配备 2 名以上专职安全员，负责施工安全隐患的排查和堰塞体整体稳定情况的巡查。

第八讲　矿山事故应急处置要点

矿山事故是指矿山生产过程中或生产有关的活动中发生的突发性事故灾难。事故类型一般包括矿井瓦斯、水害、火灾、粉尘、顶板和冲击地压等。

矿山事故应急处置具有较强的特殊性：一是救援工作空间狭小，井下巷道、硐室、采场等空间非常有限；二是其原有的工作环境复杂多变，作业场所在时间上、空间上随着工作面的不断掘进经常发生变化；三是救援环境中各种有毒有害气体随时可能引发二次火灾或爆炸；四是巷道或采场因矿山压力可能造成冒顶片帮、支护变形、大面积塌落、地表移动等二次灾害；五是矿山井下瓦斯爆炸、煤尘爆炸和火灾事故应急救援时间大多在 1 天或数天以上，有的事故应急救援时间甚至长达数月。

一、现场应急处置重点工作

（一）救援力量

矿山事故现场处置以专业矿山救护队伍和企业专兼职矿山救护队伍为主，其他应急救援队伍为辅。

（二）全面掌握现场情况

现场应急救援指挥部应全面掌握事故现场情况，及时了解以下内容：

（1）事故发生单位矿山有关情况。

（2）遇险人员伤亡、失踪、被困情况。

（3）矿山事故类型、现场勘查情况。

（4）事故原因的初步判断，事故已经造成的后果及危害程度，有关装置、设备、设施损毁情况，以及可能对周边区域造成的影响。

（5）现场矿山救护队及应急救援设备、物资、器材、队伍等应急力量情况。

（6）事故发生后已采取的应急抢救方案、措施和进展情况，必要时附事故现场图。

（三）警戒隔离

（1）根据矿山事故类型和现场应急救援情况，确定警戒隔离区。

（2）在警戒隔离区边界设警示标志，并设专人负责警戒。

（3）对通往事故现场的道路实行交通管制，严禁无关车辆进入。

清理主要交通干道，保证道路畅通。

（4）合理设置出入口，除应急救援人员外，严禁无关人员进入。

（5）根据事故事态发展、应急处置和动态监测情况，适当调整警戒隔离区。

（四）人员防护与救护

1．矿山救护人员防护

（1）调集所需安全防护装备。现场矿山救护人员应针对不同矿山事故类型的危险特性，采取相应安全防护措施后，方可进入现场救援。

（2）控制、记录进入现场救援人员的数量。

（3）现场安全监测人员若遇直接危及应急人员生命安全的紧急情况，应立即报告矿山救护队伍指挥员或现场应急救援总指挥，矿山救护队伍指挥员、现场应急救援总指挥应当迅速作出撤离决定。

2．遇险人员救护

（1）矿山救护人员应携带救生器材迅速进入现场，将遇险受困人员转移到安全区。

（2）将警戒隔离区内与事故应急处理无关人员撤离至安全区，撤离要注意选择正确的方向和路线。

（3）对救出人员进行现场急救和登记后，交专业医疗卫生机构处置。

3．公众安全防护

（1）现场应急救援指挥部根据现场险情情况，决定并发布疏散指令。

（2）应选择安全的疏散路线，避免横穿危险区。

（3）根据矿山事故类型的危害特性，指导疏散人员就地取材（如毛巾、湿布、口罩），采取简易有效的措施保护自己。

二、瓦斯煤尘爆炸事故的现场处置

瓦斯煤尘爆炸事故是煤矿最严重的事故灾难之一，其爆炸生成的高温高压冲击波，导致人员伤亡、设备损坏、通风构筑物破坏，爆炸生成的有毒有害气体伴随风流蔓延，导致较远距离人员伤亡，爆炸在一定条件下会诱发火灾，引发二次爆炸，爆炸冲击波卷扫巷道煤尘，可能引发煤尘爆炸，煤尘爆炸会产生高温火焰、冲击波、大量有毒有害气体，造成更大的损失。

瓦斯爆炸可以引发煤尘爆炸。煤尘积聚遇明火可能发生煤尘爆炸，煤尘爆炸产生高温火焰亦可引发瓦斯爆炸。

（一）现场作业人员的先期处置

（1）瓦斯煤尘爆炸事故发生后，现场作业人员应立即佩戴自救器或用湿毛巾快速捂住鼻口，就地卧倒，若边上有水坑，可侧卧于水中。

（2）听到爆炸声音后，应赶快张大口，并用湿毛巾捂住口鼻，避免爆炸所产生强大冲击波击穿耳膜，引起永久性耳聋。

（3）爆炸瞬间，要尽力屏住呼吸，防止有毒有害气体灼伤内脏。

（4）用衣服盖住身体裸露部分，使身体露出部分尽量减少，以防止爆炸瞬间产生的高温灼伤身体。

（5）在采取上述自救措施后，现场作业人员按照瓦斯煤尘事故避灾路线，迅速撤离至新鲜风流巷道中直至地面，在撤离时要设法切断灾区电源。

（二）煤矿企业的先期处置

（1）煤矿企业生产调度部门接到事故信息报告后，应立即向煤矿带班领导报告，并通知可能受爆炸后产生的有毒有害气体威胁区域的所有工作人员撤离，通知煤矿用电管理单位切断受灾影响区域内所有机电设备电源。

（2）迅速通知本企业有关领导和生产、安全、技术等部门相关负责人到达煤矿生产调度部门，成立现场应急救援指挥部，由煤矿主要负责人担任总指挥。

（3）迅速向有关矿山救护队报警。

（4）迅速清点井下人数，根据侦察情况及撤出人员反映判明是否还有被掩埋人员、需要救护人员位置、救护路线等，并安排救护队组织营救。

（5）现场应急救援指挥部、总指挥应尽快召集指挥部人员制定抢险救灾方案。根据已探明的灾情，选择合理通风系统，制定恢复矿井通风、排放局部积存瓦斯方案，并由矿山救护队及煤矿有关单位组织落实。

（6）落实并做好运输、医疗、物资供应等后勤保障工作。

（三）矿山救护队的应急处置

（1）到达事故现场后，立即组织人员进行事故现场勘查工作，准确探明事故性质、原因、范围、被困人员可能的位置，以及巷道通风、瓦斯等情况，积极搜索被困人员。

（2）采取一切有效措施，及时救助遇险人员，尽量减少人员伤亡。

（3）为了防止二次爆炸，发现火源要立即扑灭并设法切断灾区电源。

（4）确认无二次爆炸可能时，要及时恢复破坏的巷道和通风设施，恢复正常通风。

（5）应根据事故地点、范围，决定是否改变矿井通风方式或局部反风；为保证人员呼吸，原则上不得停止主要通风机运行。

（6）在灾区附近新鲜风流中选择安全地点设立井下抢险基地，及时对井下伤员进行救护并组织升井。

（7）爆炸停止，遇险人员救出后，进一步检查整个采区的情况，若有瓦斯超限或冒顶堵塞巷道，要采取措施进行排放和处理，只有查明整个采区确无隐患的情况后再全面进行灾后处理、恢复。

（四）注意事项

（1）抢救处理过程中，应安排专人监测瓦斯、一氧化碳等气体情况，防止发生人员中毒和二次爆炸事故。

（2）救援时必须勘查灾区有无火源，如果爆炸事故引起了火灾，则按灭火的要求进行处理，避免再次引发爆炸的危险。

（3）应急抢险人员应按规定正确佩戴使用个人防护用品。

（4）严格按照器材使用说明及有关规定使用抢险救援器材。

（5）制定的应急救援对策或措施要有针对性和可操作性。

三、井下火灾事故现场处置

矿井存在内因火灾和外因火灾，内因火灾主要是煤层自燃，外因火灾主要是设备着火。矿井火灾是一种危害性很大的灾害性事故，其主要危害有：产生高温和有毒有害气体，造成人员窒息及一氧化碳中毒事故；烧毁支架、设备和煤炭资源，造成财产损失；产生火风压，破坏通风系统，使井下风流紊乱，扩大事故范围；引起瓦斯、煤尘爆炸；使矿井局部或全部停产，破坏矿井生产，造成工作面停产、封闭，生产接续紧张；扑灭井下火灾，消耗大量人力物力；封闭火区、冻结大量可采煤量。

（一）现场作业人员的先期处置

能灭火时先灭火后报告。最先发现火灾人员应该立即根据现场情况判断火势，若现场在保证安全的情况下能立即扑灭或控制火势，不使火灾扩大时，应先救灾后报告。

不能灭火时先报告。若现场火灾无法立即扑灭或火势无法控制时，要在保证自身人身安全的情况下，尽可能查明火灾性质、地点、范围、着火原因、危害程度、威胁区域等情况，并立即报告本企业生产调度部门。

不能保证安全时先撤离。现场不能保证人身安全时，必须立即撤离，撤离期间必须切断事故范围内电气设备电源，并尽可能通知沿途受火灾影响区域人员一同撤离到安全地点。人员按避灾路线进行撤离。

撤离时的安全措施：

（1）事故地点进风侧的人员，应迎着风流撤退。

（2）在事故地点回风侧的人员，应立即戴好自救器，设法通过其他通道，尽快进入进风侧或新鲜风流中。

（3）通过火烟区时，必须佩戴自救器，通过时不要飞跑和急促呼吸，应稳步走出危险区。

（4）尽量保持事故前的通风方式和风流方向。

（5）全矿井反风时，人员撤离路线按照相反方向执行。

（二）煤矿企业的先期处置

（1）根据现场火势及人员撤离情况判断可能受火灾影响区域人员伤亡情况、撤离情况，明确需要救护地点、人员、救护路线等，并组织企业兼职矿山救护队或到达事故现场的专职矿山救护队组织营救。

（2）制定合理有效的灭火方案，由矿山救护队和企业有关单位组织实施。

（3）根据已探明的灾情，选择合理的通风系统，制定降低火灾危害的措施，并由矿山救护队和企业有关单位组织落实。

（4）若火灾发生在矿井主要进风巷及井底车场、中央变电所时，要进行反风，反风前必须清点可能受反风后火灾气体威胁区域的人员，并立即组织撤离，通知矿井其他地点工作人员按与火灾避灾路线相反的方向另一翼的进风井井筒撤到地面。

（5）若火灾发生在其他地点时，立即通知井下可能受火灾影响区域人员按避灾路线撤离。人员撤离时，应保持事故前的通风状态，合理控制火区进风量。

（6）采煤面发生火灾时，应保持正常通风，必要时适当增加风量或采取局部反风措施。

（7）掘进巷道发生火灾时，不得随意改变通风状态。

（8）下行风巷道着火时，应有防止由于火风压而造成风流逆转的措施。

（9）落实各抢险救灾小组做好运输、医疗、物资供应等后勤保障工作。

（三）矿山救护队的应急处置

（1）在规定时间内赶到事故现场。

（2）详细了解火灾发生地点、范围、火势情况。

（3）按照现场应急救援指挥部指示，下井实施救护工作。

（4）安排救护队员分组进入灾区，组织营救可能受伤人员，查找遇险、受伤人员并积极组织抢救。

（5）根据现场火势采取合理灭火及防止火势扩大的措施。

（6）在火灾初期，火区范围不大时，应积极组织直接灭火。

（7）如火势太大无法扑灭时，应根据现场情况及时采取防止灾情扩大的应急措施。

（8）必要时应将排水管、风管改为临时消防管路。

（9）直接灭火失效时，应采取隔绝灭火法封闭发生火灾的巷道或工作面。

（四）外因火灾应急处置措施

（1）外因火灾比较直观，初期火势较小，容易控制，现场人员应充分利用防尘供水管路、灭火器或其他可能利用的灭火工具直接灭火。

（2）企业生产调度部门接到井下火警报告后，应根据事故的地点、性质、规模等，立即通知灾区人员和受威胁区域的人员，尽快沿避灾路线撤离灾区。

（3）抢险救援组营救灾区人员，并采取措施控制火势蔓延。

（4）电气设备着火灭火时，必须首先切断电源；油类着火时，禁止用水灭火。

（5）根据已探明的火区地点、范围等情况，确定调整通风系统方案。

（6）当井下火灾规模较大，无法直接灭火或直接灭火无效时，必须采取封闭火区的灭火措施。

（五）内因火灾应急处置措施

（1）发现煤层自燃现象后，要撤出所有受威胁区域人员。

（2）发现自燃后，必须及时采取措施，防止火灾范围的进一步扩大，并根据现场的实际情况，查找漏风通道，利用气体分析、红外探测、钻孔探测等手段，判断确定火源位置。

（3）确定火源后，要采取消除火源、向高温点注浆、压注凝胶、注惰性气体等手段，使高温点得到控制，直至消除隐患。

（4）对发火地点应采取均压措施，减少向发火地点供氧。

（5）自燃达到冒烟程度时，要有专人检查瓦斯情况，有防止瓦斯爆炸的措施。

（6）当其他措施无效时，应采取隔绝灭火法封闭火区。

（六）封闭火区的安全技术措施

（1）封闭时应采取在火源的"进、回风侧同时封闭"。

（2）不具备同时封闭条件时，可以采用"先封闭火源进风侧，后封闭火源回风侧"的封闭顺序。

（3）一般不得采用"先回后进"的封闭顺序。

（4）封闭火区应采取措施，防止一氧化碳中毒、缺氧窒息和瓦斯爆炸事故。

（5）封闭火区要执行"小、少、快"的原则，封闭的范围要尽可能小，建立最少的防火墙就能将火区封闭，防火墙施工要快，不得拖延。

（6）封闭期间矿山救护队员必须严格按救护规程佩戴装备。

（7）必须有专人负责检查封闭地点瓦斯及其他有毒有害气体情况，并负责监护，发现异常立即通知人员撤离。

（8）火区的封闭只有在确认火区里无人时才能进行。

（七）防止火区发生瓦斯爆炸的处置措施

（1）采区或其他瓦斯涌出量较少的工作地点发生火灾时，可以在保持火区正常通风的情况下先封入风侧防火墙或同时封闭入风侧及回风侧防火墙。

（2）火区封闭时，必须有专人负责检查回风侧风流中气体情况，发现瓦斯、一氧化碳或其他可能参与爆炸的有毒有害气体浓度异常时，必须立即撤到进风侧新鲜风流中并汇报现场指挥员及指挥中心，等候处理。

（3）封闭火区时，必须采取有效措施防止风流逆转。

（4）封闭火区时，可以同时向火区注入氮气或其他惰性气体，以降低火区氧气及瓦斯等爆炸性气体浓度，防止爆炸事故发生。

（5）火区封闭后，防火墙必须抹面、封严，防止漏风。封闭后不得频繁通过观察孔检查封闭后内部气体情况。

（八）灭火时注意事项

（1）不使瓦斯积聚、煤尘飞扬，以免造成爆炸事故。

（2）油类着火时，严禁用水灭火，应用沙子、二氧化碳干粉灭火器等灭火。

（3）扑灭电气设备火灾时，不可将人体或手持的用具触及导线及设备，以防触电。

（4）救灾工作应由救护队员进行，其他人员只能在一氧化碳浓度不超过0.0024%、瓦斯浓度＜2%、温度＜35℃条件下参与救灾，并有防止人员中毒的安全措施。

四、井下水灾事故现场处置

矿井水灾的水源主要有地表水、地下水和大气降水。矿井在建设和生产过程中，地面水和地下水等通过各种通道涌入矿井，当矿井涌水超过正常排水能力时，就会造成矿井水灾。

水灾事故是煤矿五大灾害之一，一旦发生水灾事故，轻则影响生产，重则淹没工作面、采区，造成矿毁人亡的巨大损失。

（一）现场作业人员的先期处置

（1）采掘工作面或其他地点发现有透水预兆时，必须及时发出警报，撤出所有受水威胁地点的人员。

（2）最先发现透水或透水预兆的现场工作人员，一方面要采取最快方式报告调度室，另一方面要迅速组织抢救。采用措施堵住出水点，防止事故继续扩大；若水势凶猛来不及进行加固时，人员应迅速向高处撤离并安全出井。

（3）如果井下突然透水，破坏了巷道中的照明和避灾路线上的指示牌，人员一旦迷失方向，必须朝有风通过、又能通到地面的上山巷道方向撤退，切勿往低处巷道撤退。

（4）根据情况选用排、疏、堵、截及开掘小巷等措施，营救遇险人员。

（5）采用压风管、水管、打钻孔等方法，向遇险人员输送新鲜空气，给遇险人员创造生存条件。

（6）加强通风，防止瓦斯和其他有害气体聚集。

（7）勘查、抢险时，要管理好水路，防止溃垮巷道；采取措施，防止二次出水。

（8）抢救和运送长期被困井下人员时，一定要防止环境和生存条件突然改变造成意外。

（9）在现场紧急处理、抢险中，根据水情发展和透水现场条件，可以采取构筑临时水闸墙控制水情、紧急投入抢排水等措施。

（二）煤矿企业的先期处置

（1）指令受灾害威胁区域的人员停止作业，撤离受灾害威胁区域，并指示断开相关设备的电源。

（2）了解突水情况、影响范围，分析灾变及周围区域地质、水文地质条件，收集出水前后水量变化、各长观孔水位变化资料，必要时做水质化验，判断直接水源及补给水源，推测、判断水量变化趋势。

（3）查清事故前人员分布，结合人员定位系统判定遇险人数、位置，采用井下广播系统，人员呼叫，敲击管路、轨道、支架等方法与遇险人员联系，安排专人倾听、观察来自灾区内的信息，确定遇险人员所在位置、人数及生存条件。

（4）在矿井透水时的紧急抢险中，强排水是控制水势漫延、防止灾情恶化的另一有效措施。强排水主要应突出一个"快"字，千方百计抢时间、争速度，减少淹矿的程度和损失。总的指导思想是：调动一切可利用的排水设施，充分利用各种排水场地，形成综合强排水能力，联合排水以减缓或控制矿井淹没水位上涨。当联合排水能力超过透水水量时，同时可以进行追水，减少矿井损失，恢复被淹井巷。

（三）现场作业人员撤退时处置措施

（1）透水后，应在尽可能的情况下迅速观察和判断透水的地点、水源、涌水量，查明透水发生原因、程度等情况，根据灾防计划和处理计划中规定的撤退路线，迅速撤退到透水地点以上的水平，而不能进入附近及其下方的独头盲巷。

（2）撤退行进中应靠近巷道一侧，抓牢支架或其他固定物体，尽量避开压力水头和放水巷，并注意不被水流冲动的矸石、木料等物体撞伤。

（3）如果透水破坏了巷道中的照明和路标，迷失前进方向时，遇险人员应该朝有风流通过的上山巷道方向撤退。

（4）在撤退途中，特别是在所经过的巷道交叉口，应留设能够指示前进方向的明显标志，以便提示救护人员注意。

（5）人员如果撤退到井口，应遵守秩序，禁止慌乱和争抢，切实注意自己和他人的安全。

（6）如果唯一的出口被水封堵无法撤退时，应有组织地在独头上山巷道内躲避，等待救护人员营救。严禁盲目潜水逃生等冒险行为。

（四） 现场作业人员被困时避灾自救措施

（1） 现场人员被涌水围困无法退出时，应迅速进入附近避难硐室避灾，或选择合适的地点（如上山的独头巷道）、快速建筑临时避难设施避灾，迫不得已时，可以在巷道中冒顶的较高空间等待营救。

（2） 在避灾期间遇险人员要保持良好的精神状态，情绪安定，自信乐观、意志坚强。要做好长时间避灾的准备，除轮流担任岗哨观察水情的人员外，其余人员均应静卧，以减少体力和氧气消耗。

（3） 被困期间断绝食物后，即使在饥饿难忍的情况下，也应努力克制自己，尽量不嚼食杂物充饥。需要饮用井下水时，应选择适宜的水源，并用纱布或衣服过滤。

（4） 避灾人员长时间被困井下，发觉救援人员来营救时，不可过度兴奋或慌乱，以防发生意外。

（五） 避水灾路线

矿井一旦发生水灾后，应迅速有组织、有指挥、有顺序地避灾撤人，以免人员伤亡，避灾路线必须清楚地向每个员工交代，同时，在井下标设醒目的避灾路线牌，保证遇水灾时能迅速地沿既定路线向安全地带撤离。

选择避水害路线的原则是：避开来水地点，由低向高处，沿着通向井口的路线撤离。

五、矿井顶板事故的现场处置

矿井顶板事故是指在井下采掘和生产服务过程中，顶板意外冒落造成的人员伤亡、设备损坏、生产中止等事故。矿井顶板事故造成的危害有：人员被堵、被埋或伤亡；虽无人员被堵、被埋或伤亡，但已经或可能影响通风系统安全运行；造成设备损坏、生产中止。

（一）现场作业人员的先期处置

（1）当工作面发生大面积冒顶，现场负责人（班组长）应立即清点人员，若无被埋压人员，可一边组织职工迅速撤离至安全地点等待处理事故，一边向调度室汇报，并将冒顶影响区域电源切断。

（2）若有被埋压人员，现场负责人应立即处理冒顶，组织扒人抢救，被埋压人员应尽可能发出呼救信号，如晃动矿灯、敲击支架、溜槽等。

（3）在被埋压人员没有全部被埋，身体尚有活动能力时，要保持冷静，清除身体周围煤、矸来自救，当班班长、队长应立即组织人员抢救，但必须采取切实可行的安全技术措施，防止事故扩大，危及抢险人员，同时要向企业生产调度部门汇报。

（4）处理冒顶事故时，探明冒顶区范围以及被埋压、堵塞人数和位置。积极恢复冒顶区的正常通风，如果暂时不能恢复，可利用水管、压风管等向被埋压、堵截人员输送新鲜空气。处理中必须始终坚持由外向里，但应尽量避免破坏冒顶岩石的堆积状态。

（5）救护队队长接到企业生产调度部门通知后，应立即组织救护队员携带担架、氧气呼吸器等迅速进入灾区，要本着先救人、后处理事故的原则，一切行动听从指挥。

（6）专兼职矿山救护队伍接到企业生产调度部门救援报警后，应立即就近赶往事故救援现场，在现场应急救援指挥部的安排下救人或处理事故。

（7）所有参加救灾抢险人员必须听从事故现场应急救援指挥部的安排和调遣，全力进行救助。

（8）应急处置完毕，必须有专人在现场观察应急处置的效果，确认无误后，应急处置人员方可撤离。

（二）煤矿企业的先期处置

（1）接到事故报告后，企业生产调度部门应立即通知矿山带班领导和有关部门负责人，调动本企业兼职矿山救护队，成立现场应急救援指挥部。

（2）需要外部支援时，应向专业矿山救护队求助。

（3）尽快查明冒顶区范围和被埋、压、截、堵的人数及可能的位置，分析抢救、处理条件，研究制定救灾方案。

（4）迅速恢复冒顶区的正常通风，如一时不能恢复，则必须利用压风管、水管或打钻向被埋或截堵区人员供给新鲜空气。

（5）在处理中必须由外向里加强支护，清理出通往被埋或被截堵人员的通道，必要时抽调专门掘进队伍开掘专用小巷道至遇险地点，保证人员尽快脱险。

（6）在抢救处理中必须由区队长安排有经验的老工人负责专门检查与监视顶板情况，防止发生二次冒顶。

（7）抢险人员在抢救中遇到大块岩石时，应尽量避开，严禁用爆破法处理。如果石块威胁到遇险人员，则可用千斤顶等工具移动石块，救出遇难人员。

（8）现场如果受伤人员未被埋，应立即进行包扎或其他救护。如果有人员被埋在矸石下面，要立即组织扒矸救人，在扒矸救人前必须对巷道进行支护，以防再次冒顶，使事故进一步扩大。

（9）如人员被堵在冒顶区里面，被堵人员应在班长或有经验的人员的组织下进行自救，并采取敲击水管或铁轨等措施与外部联系，控制矿灯、饮水及食品的使用，利用压风管提供呼吸所需空气，如无支护材料，应节省体力，等待外部人员救助，不得盲目扒矸，防止冒顶扩大。

（三） 采煤工作面冒顶时的避险自救措施

（1）迅速撤退到安全地点。当发现工作地点有即将发生冒顶的征兆，而当时又难以采取措施防止采煤工作面顶板冒落时，最好的避灾措施是迅速离开危险区，撤退到安全地点。

（2）遇险后应立即发出呼救信号，冒顶对人员的伤害主要是砸伤、掩埋或隔堵，冒落基本稳定后，遇险者应立即采用敲打物料、岩块（若可能造成新的冒落时，则不能敲打，只能呼叫）等方法，发出有规律、不间断的呼救信号，以便救护人员和撤出人员了解灾情，组织力量进行营救。

（3）遇险人员要积极配合外部的营救工作。冒顶后被煤矸、物料等埋压的人员，不要惊慌失措，在条件不允许时切忌采用猛烈推拉的方法脱险，以免造成事故扩大。被冒顶隔堵的人员，应在遇险地点有组织地维护好自身安全，构筑脱险通道，配合外部的营救工作，为提前脱险创造良好条件。

（四） 独头巷道迎头冒顶被堵人员应急措施

（1）遇险人员要正视已发生的灾害，切忌惊慌失措。应迅速组织起来，主动听从灾区中班组长和有经验老工人的指挥。团结协作，尽量减少体力和隔堵区的氧气消耗，有计划地使用饮水、食物和矿灯等，做好较长时间避灾的准备。

（2）如人员被困地点有电话，应立即用电话汇报灾情、遇险人数和计划采取的避灾自救措施；否则，应采用敲击支架、管道和岩石等方法发出有规律的呼救信号，并每隔一定时间敲击一次。不间断地发出信号，以便营救人员了解灾情，组织力量进行抢救。

（3）维护加固冒落地点和人员躲避处的支架，并派人检查，以防止冒顶进一步扩大，保障被堵人员避险时的安全。

（4）如人员被困地点有压风管，应打开压风管给被困人员输送新鲜空气，并稀释被隔堵空间的瓦斯浓度，但同时也要注意保暖。

（五）注意事项

（1）矿山救护队员按规定佩戴符合标准的个人防护器具。

（2）现场自救和互救应遵循保护人员安全优先的原则，防止事故蔓延，降低事故损失。

（3）冒落范围不大时，如有遇险人员被大矸石压住，可用液压千斤顶等工具把大石块支起后，再将遇险人员救出，切忌生拉硬拽。

（4）清理堵塞物时，要防止伤害遇险人员。在接近遇险人员附近时严禁用镐刨、锤砸等方法破煤块扒人。要首先清理遇险人员的口鼻处堵塞物，畅通其呼吸。

（5）抢险救援期间不得关闭井下压风机。

（6）要注意给被抢救出的遇险人员保暖，迅速将其转至安全地点进行创伤检查，要及时在现场开展输氧和人工呼吸、止血、包扎等急救处理。

（7）要做好灾区现场保护，除救人和处理险情紧急需要外，一般不得破坏现场。

第九讲　危险化学品事故应急处置要点

危险化学品具有易燃易爆、有毒有害的特点，个别产品生产和储存过程存在高温高压或低温冷冻，一旦管理和操作失误极易酿成事故，造成重大人员伤亡和经济损失。

危险化学品事故绝大多数发生在地面上的生产经营场所和道路、铁路运输途中，事故类型一般包括火灾、爆炸、泄漏、中毒窒息等，其应急救援时间多数在 12 小时的一个行动周期内。

一、现场应急处置主要流程

危险化学品事故现场处置以综合性消防救援队伍和危险化学品企业专兼职应急救援队伍为主，其他应急救援队伍为辅。

（一）全面掌握现场情况

现场应急救援指挥部和总指挥部应及时了解事故现场情况，主要了解下列情况：

（1）遇险人员伤亡、失踪、被困情况。

（2）危险化学品危险特性、数量、应急处置方法等信息。

（3）周边建筑、居民、地形、电源、火源等情况。

（4）事故可能导致的后果及对周围区域的可能影响范围和危害程度。

（5）应急救援设备、物资、器材、队伍等应急力量情况。

（6）有关装置、设备、设施损毁情况。

（二）警戒隔离

（1）根据现场危险化学品自身及燃烧产物的毒害性、扩散趋势、火焰辐射热和爆炸、泄漏所涉及的范围等相关内容对危险区域进行评估，确定警戒隔离区。

（2）在警戒隔离区边界设警示标志，并设专人负责警戒。

（3）对通往事故现场的道路实行交通管制，严禁无关车辆进入。清理主要交通干道，保证道路畅通。

（4）合理设置出入口，除应急救援人员外，严禁无关人员进入。

（5）根据事故发展、应急处置和动态监测情况，适当调整警戒隔离区。

（三）人员防护与救护

1. 应急救援人员防护

（1）调集所需安全防护装备。现场应急救援人员应针对不同危险化学品的危险特性，采取相应的安全防护措施后，方可进入现场救援。

（2）控制、记录进入现场救援人员的数量。

（3）现场安全监测人员若监测发现直接危及应急人员生命安全的紧急情况，应立即报告救援队伍指挥员和现场应急救援总指挥，救援队伍指挥员、现场应急救援总指挥应当迅速作出撤离决定。

2．遇险人员救护

（1）救援人员应携带救生器材迅速进入现场，将遇险受困人员转移到安全区。

（2）将警戒隔离区内与事故应急处理无关人员撤离至安全区，撤离要选择正确方向和路线。

（3）对救出人员进行现场急救和登记后，交专业医疗卫生机构处置。

3．公众安全防护

（1）总指挥部根据现场应急救援指挥部疏散人员的请求，决定并发布疏散指令。

（2）应选择安全的疏散路线，避免横穿危险区。

（3）根据危险化学品的危害特性，指导疏散人员就地取材（如毛巾、湿布、口罩），采取简易有效的措施保护自己。

（四）现场监测

（1）对可燃、有毒有害危险化学品的浓度、扩散等情况进行动态监测。

（2）测定风向、风力、气温等气象数据。

（3）确认装置、设施、建（构）筑物已经受到的破坏或潜在的威胁。

（4）监测现场及周边污染情况。

（5）现场应急救援指挥部和总指挥部根据现场动态监测信息，适时调整救援行动方案。

（五）洗消

（1）在危险区与安全区交界处设立洗消站。

（2）使用相应的洗消药剂，对所有染毒人员及工具、装备进行洗消。

（六）现场清理

（1）彻底清除事故现场各处残留的有毒有害气体。

（2）对泄漏液体、固体应统一收集处理。

（3）对污染地面进行彻底清洗，确保不留残液。

（4）对事故现场空气、水源、土壤污染情况进行动态监测，并将监测信息及时报告现场应急救援指挥部和总指挥部。

（5）洗消的污水应集中净化处理，严禁直接外排。

（6）若空气、水源、土壤出现污染，应及时采取相应的处置措施。

（七）救援结束

（1）事故现场处置完毕，遇险人员全部救出，可能导致次生、衍生灾害的隐患得到彻底消除或控制，由总指挥部发布救援行动结束指令。

（2）清点救援人员、车辆及器材。

（3）解除警戒，现场应急救援指挥部解散，救援人员返回驻地。

（4）事故单位对应急救援资料进行收集、整理、归档，对救援行动进行总结评估，并报有关上级部门。

（八）注意事项

（1）现场指挥人员发现危及人身生命安全的紧急情况，应迅速发出紧急撤离信号。

（2）若因火灾爆炸引发泄漏中毒事故，或因泄漏引发火灾爆炸事故，应统筹考虑，优先采取保障人员生命安全、防止灾害扩大的救援措施。

（3）维护现场救援秩序，防止救援过程中发生车辆碰撞、车辆伤害、物体打击、高处坠落等事故。

二、泄漏事故的现场处置

（一）控制泄漏源

（1）在生产过程中发生泄漏，事故单位应根据生产和事故情况，及时采取控制措施，防止事故扩大。采取停车、局部打循环、改走副线或降压堵漏等措施。

（2）在其他储存、使用等过程中发生泄漏，应根据事故情况，采取转料、套装、堵漏等控制措施。

（二）控制泄漏物

（1）泄漏物控制应与泄漏源控制同时进行。

（2）对气体泄漏物可采取喷雾状水、释放惰性气体、加入中和剂等措施，降低泄漏物的浓度或燃爆危害。喷水稀释时，应筑堤收容产生的废水，防止水体污染。

（3）对液体泄漏物可采取容器盛装、吸附、筑堤、挖坑、泵吸等措施进行收集、阻挡或转移。若液体具有挥发及可燃性，可用适当的泡沫覆盖泄漏液体。

三、罐区火灾爆炸事故的现场处置

（一）侦察与问询

抵达现场后立即进行详细的火情侦察，既要亲自侦察，也要询问事故单位技术人员和厂区消防负责人。到场后应开展以下侦察与问询工作：

（1）询问和查看燃烧罐及邻近罐的情况，如燃烧部位、品种、数量、结构及罐内水垫层高度。

（2）询问和查看罐区的固定与半固定消防设施是否完整好用。

（3）分析毗邻罐受火势威胁的程度。

（4）查看防护堤的完好程度，若发生溢流是否会威胁毗邻罐。

（5）查看是否有地面流淌火及流淌火的走势是否威胁罐区内管道、管廊等其他设施。

（6）查看雨排是否已被堵死。

（7）询问邻近罐的储油情况，确定能否为工艺灭火、转输提供技术保障。

（8）询问事故单位的水源情况，确定能否为灭火作战提供充足的供水保证。

（9）询问现场是否采取关阀断料等工艺措施；火情侦察贯穿灭

火作战的全过程，要实时监测可燃气体浓度、着火罐和邻近罐的温度。

（二） 划定警戒区域

（1） 将距着火部位和可能引起连锁爆炸、燃烧的罐体边缘 100 米内的区域划为爆炸危险区域，200 米内的区域为戒严区域，并根据现场侦检情况划分警戒区域。

（2） 严格控制进入现场的人员、车辆。

（3） 设计合理的撤离路线，尽量选择上风处撤离，避开浓烟。

（三） 灭火设施选择

（1） 固定、半固定消防设施未遭到破坏时，首选固定、半固定消防设施实施内攻进行灭火，并利用移动、遥控式消防装备进行灭火冷却。

（2） 固定、半固定设施无法使用时，优先选择大流量移动炮、车载炮，有条件的地区可选择使用消防机器人进行冷却、灭火，尽量减少危险区域消防员的数量，实现现场作业无人化。

（四） 灭火阵地设置

（1） 设置阵地时，应选择上风方向进攻，当下风方向需要冷却时，消防员应着全套防护装具设置移动炮后，迅速撤离。

（2） 扑救地面流淌火时，如下风方向确需设置阵地堵截火势且需要消防员进入现场时，应做好消防员的个人防护，并定时更换作战人员。

（3） 如有人员被困情况，应根据现场情况，选择正确的个人防护装备及救援装备，利用水枪递进掩护等方法，快速将被困或遇险人员救出，撤退至安全区域并移交现场医护人员。

（五）灭火战术选择

根据火场实际情况，战术选择上贯彻"先救人、后灭火，先控制、后消灭"的原则。

（1）如有人员被困，应先救人、后灭火，若条件允许，救人和灭火可同时进行。

（2）无人员被困时，按照"先外围、后中间，先上风、后下风，先地面、后油罐"的要领实施灭火战术。

（3）若燃烧部位在密封圈，灭火时切忌向浮盘内大量打入泡沫，防止浮盘倾覆。

（六）冷却与保护

（1）要注重灭火战斗全过程中对着火罐和毗邻罐的均匀冷却，防止油罐受热坍塌变形造成更多介质外泄，形成大面积地面流淌火。

（2）将相邻罐体的量油口、呼吸阀、采光孔等孔口用石棉毯、湿毛被等蒙盖并喷水封闭，并利用固定喷淋设施、开花水枪、喷雾水枪向挥发气体扩散区域内喷水，降低挥发气体的浓度。

（七）工艺灭火与强攻灭火相结合

要坚持工艺灭火与强攻灭火相结合的方式。

（1）工艺灭火可采取注油搅拌灭火和导流放空灭火两种形式，但所需技术难度大、安全要求高，实施起来较为复杂，一般不优先考虑，但关阀断料等工艺措施必须采取。

（2）强攻灭火时可选择人员登罐强攻灭火、利用登高车强攻灭火，但人员登罐强攻灭火必须是当火势强度相对较小时，消防员着隔热服能够承受的情况下才可进行。

（八）人员防护

做好现场一线指战员的安全防护，对进入火场内的人员需着避火服、隔热服，佩戴空气呼吸器，并安排专人记录空气呼吸器的使用时间。

（九）观察预警

重质油储罐长时间受热容易发生沸溢、喷溅。

（1）一线指挥员应掌握沸溢、喷溅前的征兆，设专职观察员观察，防止沸溢。沸溢典型的征兆为：罐壁颤抖，伴有强烈的噪音，烟雾减少，火焰发亮，火舌变大似火箭状。

（2）当发生沸溢、喷溅的征兆时，应按照事先选择的撤离路线立即撤离，保证参战指战员的生命安全。

（十）灭火后续工作

火势熄灭后，仍需保证对着火罐和毗邻罐的冷却降温，直至降至安全温度后方可结束冷却并再次侦检警戒范围内是否有有毒有害液体、气体及污染源残留，再考虑组织实施输转，防止情况突变发生意外。

（十一）其他注意事项

（1）当防护堤内注满水时，要设法抽出防护堤底部水，确保一定的安全高度，防止防护堤内液面溢流。

（2）灭火战斗结束后，要注意消防污水的收集处理工作，切忌直接排放。

四、液化天然气（LNG）泄漏事故的应急处置

（一）液化天然气（LNG）的理化性质

液化天然气（LNG）是一种低温液态燃料，其主要成分有甲烷、氮及 $C_2 \sim C_5$ 的饱和烷烃，另外还含有微量的氮、二氧化碳及硫化氢等，通过制冷液化后，液化天然气（LNG）成为含甲烷（96%以上）和乙烷（4%）及少量 $C_3 \sim C_5$ 烷烃的低温液体。由于液化天然气（LNG）96%以上都是甲烷，因此其性质和液体甲烷基本类似。液化天然气（LNG）的常压沸点是 −162℃，液体密度：430 千克/立方米，汽化后密度（常压）：0.688 千克/立方米，气液体积比：625，汽化潜热：510.25 千焦/立方米，热值（气态）：38518.6 千焦/立方米，辛烷值 ASTM：130，爆炸范围：上限为 15%、下限为 5%，无色、无味、无毒且无腐蚀性。

（二）液化天然气（LNG）泄漏的危害性

1. 扩散迅速、危害范围大

液化天然气（LNG）扩散能力强，泄漏后随风飘移，易形成大面积扩散区，与空气易形成爆炸性的混合气体，仅少量液体就能转化为大量气体，1 体积液化天然气（LNG）能转化 625 体积气体，刚泄漏时，蒸发产生的气体温度接近液体温度，其密度大于环境空气，

气体沿地面形成流动层，随着蒸发气和空气的混合，在温度上升过程中逐渐形成密度小于空气的云团，在室内泄漏后上升滞留至屋顶，不易排出，需及时对危害范围内的人员进行疏散，并采取禁绝火源措施。

2. 易发生爆炸燃烧

液化天然气（LNG）与液化石油气、人工煤气共同作为城市煤气主要气源之一，同样具有易燃易爆的特性，它的最小点火能量较低，为 0.48 毫焦，闪点为 –180℃，属低闪点液体（闪点小于 –18℃），所以即使在微弱的火源作用下，也易发生燃烧；与空气混合后，浓度达到 15% 以上，温度达到 550℃ 就会燃烧；LNG 泄漏时如遇到高速冲击、流动、激荡，或因产生静电火花放电也可引起燃烧爆炸。由于 LNG 爆炸下限低，泄漏后与空气混合，极易形成爆炸性混合气体，发生泄漏如不及时处置或处置不当就会引发火灾或爆炸。

3. 易造成人员中毒伤亡

LNG 的毒性因化学成分而异，原料 LNG 含硫化氢较多，其毒性随硫化氢的含量增加而增加，如果接触 LNG 中含高浓度的硫化氢，吸入后能损害人的身体健康，会出现头昏、头痛、恶心、呕吐、乏力等症状，疾病过程中亦可出现精神症状、步态不稳、昏迷、运动性失语及偏瘫；净化 LNG 已经脱硫处理，只含有微量的有毒气体，对生理无毒害，如家用 LNG，主要为甲烷，当通风不良时，燃气毒性主要来自一氧化碳。

4. 处置难度大

LNG 在常温下是呈气态的碳氢化合物，通常以管道方式输配供气，长途输配管网压力一般为 2.0～3.0 兆帕，城市管网压力一般为

0.1~0.6兆帕，进入用户后的压力一般应小于0.01兆帕。当压力超过管道或容器的承受能力时，容易发生爆炸，一旦管道或容器爆炸或破损，会造成LNG的大量泄漏和扩散，导致更大的火灾和爆炸事故。由于LNG有的处在压力的管道中，有的处在高压或低温的容器内，而且发生泄漏的部位、裂口大小及容器内的压力等各不相同，采取堵漏、输转等措施时，技术要求特别高，处置难度大。

（三）LNG泄漏事故处置流程

接警出动。综合性消防救援队伍和企业专职应急救援队伍接警时应问清事故发生的时间、详细地址、泄漏物质的载体、是否发生燃烧爆炸、有无人员伤亡等情况。调集力量时，在保证现场需要的情况下，尽量做到少而精，及时调出救援所需的防化车、气防车、抢险救援车等特种装备。应急、公安、医疗救护等部门接到事故信息报告后，应立即赶赴现场参加救援。

个人防护。进入现场或警戒区内的人员必须佩戴隔绝式呼吸器，穿着全封闭式消防防化服；外围人员可穿纯棉战斗服，扎紧裤口袖口，勒紧腰带裤带，必要时全身浇湿后进入扩散区；进入低温泄漏场所处置冷冻LNG的人员还要穿防寒服，要争取"快进快出"，减少滞留时间，防止发生冻伤。

现场询情。消防人员到场后，要详细询问有无人员被困；泄漏的部位，泄漏量大小；有没有采取堵漏措施，有无堵漏设备，是否能够实施堵漏；若是LNG储罐泄漏，应弄清总体布局、泄漏罐容量、实际储量、邻近罐储量、总储存量等情况，能否采取倒罐和注水排水等措施。

侦察检测。查明泄漏扩散区域及周围有无火源；利用仪器检测事故现场气体浓度、扩散范围；测定现场及周围区域的风力和风向；搜寻遇险和被困人员，并迅速组织营救和疏散；确定进攻路线和进攻阵地。

设立警戒。根据询情和侦检情况，确定警戒范围，设立警戒标志，布置警戒人员，严格控制人员、车辆出入，并在整个处置过程中，实施动态检测，根据检测情况，随时调整警戒范围。

疏散救生。疏散泄漏区域及扩散可能波及范围内一切无关人员；组成救生小组，携带救生器材迅速进入危险区域，采取正确的救助方式，将所有遇险人员转移至安全区域；对救出人员进行登记和现场急救；将伤情较重者送交医疗急救部门救治。

排除险情。（1）禁绝火源。视具体情况切断警戒区内所有电源，熄灭明火，停止高热设备工作。

（2）驱散气体。漏出的 LNG 会形成蒸气云，室内会扩散在建构筑物的上空，要组织一定数量的喷雾水枪向地面和空中喷雾，转移 LNG 飘流方向和飘散高度，室内还要加强自然通风和机械排风，驱散、稀释飘浮的气云；驱散稀释不得使用直流水枪，以免强水流冲击产生静电；处置时，要防止泄漏物通过下水道、通风系统和密闭性空间扩散。

（3）关阀断源。管道或容器发生泄漏，首先要清楚输气管道的走势，找准阀门并迅速关闭，如果是供气部门敷设的输气管道，则应立即通过其技术人员关掉总阀门，同时还要关严漏气管道下端的阀门，防止 LNG 逆向泄漏；关闭管道阀门时，必须设开花或喷雾水枪掩护。

（4）器具堵漏。根据现场泄漏情况，研究制定堵漏方案，分别采取不同的堵漏器具进行堵漏。管道泄漏或罐体孔洞型泄漏，应使用专用的管道内封式、外封式、捆绑式充气堵漏工具进行堵漏，或用螺丝钉加黏合剂旋拧，或利用木楔、硬质橡胶塞封堵；管道裂缝，穿孔漏气，确定管道漏气部位，挖好操作坑，剥去防腐沥青，清理管道表面，并根据漏气孔大小或依据管径大小选用相应直径的特殊弧形卡，将漏气点卡死；因螺栓松动引起法兰泄漏时，可使用无火花工具，紧固螺栓，制止泄漏；若法兰垫圈老化导致带压泄漏，可利用专用法兰夹具夹卡，并高压注射密封胶堵漏；由于罐壁脆裂或外力作用造成罐体撕裂，其泄漏往往呈喷射状，流速快，泄漏量大，制止这种泄漏可用捆绑紧固和空心橡胶塞加压充气器具塞堵的措施，不能制止泄漏时，可采取疏导的方法将其导入其他容器或储罐。

（5）注水排险。根据 LNG 储罐的泄漏部位等情况，在采取其他措施的同时，通过排污阀向罐内适量注水，抬高液位，造成罐内底部水垫层，配合堵漏，缓解险情。

（6）输转。LNG 储罐或容器发生泄漏，无法堵漏时，可采取疏导或转移方法排除险情。在 LNG 罐区，有倒罐条件的应及早进行，可移动的槽车等发生泄漏，在条件允许的情况下，可转移到具有倒罐条件的地方进行，也可在人烟稀少的地方进行导流或放空处理；转移与 LNG 接触会引起激烈反应的五氧化溴、氯气、次氯酸、三氟化氮、液氧、二氟化氧、强氧化剂等物品；倒罐、转移必须在喷雾水枪的掩护下进行，以确保安全。

（7）紧急制动。输送设备或容器发生泄漏，无法堵漏时，可暂时采取停止供气和放空排放的方法排除险情。输送设备、调压站（箱）、阀室（井）设备老化失灵、失控或设备漏气，在无法堵漏的情况下，应通知工程技术人员迅速停气，对设备和漏气点进行检查和维修，必要时更换设备、配件等。当无法堵漏，需焊接修补或更换管道（管段、管件）时，应在消防监护下，由专业人员关闭事故点的上流、下流阀门，截断气源。放空排气必须在喷雾水枪的掩护下进行，以确保安全。

（8）清理移交。任务完成后，应使用喷雾水、蒸气或惰性气体清理现场，然后，清点人员、车辆及器材，撤除警戒，做好移交，安全撤离。

（四）注意事项

（1）选择战斗位置。指挥部和灭火救援车辆的停放位置，应与泄漏区域保持适当距离，并选择上风方向，消防车头应背向泄漏源，一旦出现突发情况可以安全迅速撤离；要尽可能使用上风方向水源，必须使用下风向的消防水源时，应对驾驶员和供水员做好个人安全防护；要在扩散区上风、侧上风方向选择进攻路线，并设立水枪阵地和现场指挥位置，处置泄漏过程中，水枪手应选用喷雾或开花水流稀释。

（2）禁止一切火源。警戒区域内禁止一切火源，凡进入警戒区内的所有人员不得穿化纤类服装、带铁钉的鞋子，不准携带铁质工具。同时，必须关闭手机、普通电台等移动通信设备。

（3）疏散无关人员。及时疏散泄漏现场及扩散可能波及范围的一切无关人员。疏散工作应由地方政府、公安、武警和消防人员实施，疏散顺序应先疏散泄漏中心地段或危险性较大地段人员，再疏散危险可能波及范围人员；先疏散老、弱、病、残、妇女、儿童等行动不便人员，再疏散行动能力较好人员；先疏散下风向人员，再疏散上风向人员。疏散位置应在泄漏事故的上风方向，要根据事故现场危险程度，确定疏散距离。

（4）控制作业人员。进入泄漏区实施抢险作业的人员要从严控制，人员选择一定要专业、精干，个人防护要充分，并使用开花或喷雾水枪进行掩护，进出泄漏区域的人员要登记出入时间，非抢险人员不得入内，对作业人员要轮换作业，严格控制每个人的作业时间。

（5）设安全监护员。设立安全监护员对抢险救援现场的各个方向实施全程监护，警惕和洞察在处置过程中的危险动态，及时发现苗头性的危险信号，抢险作业人员要提高警惕性、增强敏感性，一切处置行动要自始至终严防引发燃烧爆炸、中毒、冻伤或其他伤害，当遇有紧急情况危及参战人员的生命安全时，指挥员应果断下令撤退。

（6）有技术难度的由单位技术人员操作。LNG 储存温度低，技术要求高，操作工艺复杂，火灾危险性大，倒罐要由熟悉设备、熟悉工艺、操作经验丰富的工程技术人员进行，抢险人员不应急功冒进、盲目操作，以防发生更大的泄漏和火灾爆炸。

第十讲　道路交通事故应急处置要点

造成较大以上群死群伤道路交通事故、危险化学品运输车辆道路交通事故、多车连撞道路交通事故，或造成国道、省道、高速公路交通中断道路交通事故，当地政府及应急管理、公安交通管理、交通运输、卫生健康等部门有关负责人应立即赶赴事故现场，成立现场应急救援指挥部，由政府指定现场总指挥，组织开展事故应急救援工作。

一、道路交通事故处置流程

（一）控制事故现场

公安交警、公路养护单位、综合性消防救援队伍到达事故现场后，应迅速对车祸现场进行有效控制。

（1）划定警戒区，设立警戒标志，疏导围观人员。

（2）强化交通管制，维护交通秩序。

（3）严格看管人员和物资，防止发生哄抢和混乱。

（二）排除潜在隐患

1. 排除潜在的爆炸或火灾隐患

公安交警、公路养护单位、综合性消防救援队到场后，应立即派出隐患排除组迅速对车体内的发动机、储气箱、储油箱、油路、随车危险物等一切可能爆炸和引发火灾的隐患进行消除，以免发生次生灾害。

2. 对周围的地形进行勘查

对可能因车祸造成的山体滑坡、地质下陷、隧道倒塌、桥梁断裂等情况，应及时采取防范措施或进行防范标示。

3. 对不稳定事故车辆进行固定

当事故车辆车体处在悬崖、斜坡或其他不稳定的位置时，应对车体进行固定，防止车体滑落翻倒。固定方法有三种：一是用就便器材如用木棍、三角木、砖块等顶住车体支架和轮胎。二是用钢丝将车体与大型固定物体连接。三是用重型消防车或抢险救援消防车将车体拉住。

（三）救护受伤人员

救护伤员是道路交通事故抢险的首要任务。

1. 按照先急后缓原则，首先抢救危重伤员

对危重伤员，应先抬离车体，再对其使用止血带、敷料贴、可溶性止血纱布等医疗工具进行救治。

2．按照先易后难原则，尽快抢救被困人员

对于被车体或其他器具挤压的人员，应使用相应的抢险救援器材采取锯、割、撬、扩、搬、拉、吊等方法，先破拆排除障碍，再将其救出；对于躯体、肢体损伤严重的伤员应尽可能利用躯体或肢体固定气囊进行固定，以防发生救助性伤害。

3．引发火灾时，要边灭火边救人

当事故车辆车体着火时，应边灭火边救人，并迅速对未着火的车厢进行水幕隔离和防护；如因爆炸引起隧道倒塌并压住车体时，更应集中力量抢救受伤人员。

（四）破拆救助的方法

1．人员被挤夹在车内时

（1）车辆变形不大时，可用手将车门打开。

（2）使用撬棍等工具将车门撬开。

（3）使用救助气垫和液压式救助器具将车门打开。

（4）使用无齿锯、空气锯等器具切断车门的合页等部位。

（5）有燃料泄漏时，注意不要引发燃料起火。

2．人员被夹在座席内时

（1）使用座席的调整杆，移动座席。

（2）取下可卸的座席。

（3）用液压式救助器具将座席与其他相连部位拉开。

（4）进行切割作业时，应在紧靠待救者一侧切割容易切断的部位。

3．人员被夹在事故车辆之间时

（1）当事故为小型车辆时，救援人员之间要相互配合，将车的前部或后部稍微移动（向车道方向）。

（2）放掉被夹人员相反方向的轮胎内气，以扩大间隙。

（3）使用液压式救助器具制造间隙，在适当的部位，设定支撑点，运用移动式卷扬器牵引事故车辆。

（4）用吊车移动车辆。

4. 人员被压在事故车辆下面时

（1）拉上手制动器，特别是在倾斜地面上，防止车辆移动。

（2）使用千斤顶将车辆的前部或后部顶起，制造间隙。

（3）使用液压式救助器具，将车体或车轮分开。

（4）认真检查后再操作救助器具。

5. 救助注意事项

（1）仔细观察待救者的情况，鼓励待救者增强信心。

（2）在救助行动中，注意不要给待救者造成痛苦，同时，给待救者盖上毛巾等，以防止火花灼伤。

（3）特别注意避免待救者在事故车辆受到撞击或者在某部位加力时所产生反作用力引发的伤害。

（4）受伤人员较多时，要明确本队队员的任务，同时寻求其他队伍的协助，保证事故现场的救助行动顺利进行。

（五）清理事故现场

当人员、物资全部救出以后，应及时清理现场，尽快恢复交通秩序。

（1）做好登记统计。核查人数，查明死者身份，列出遗物清单。

（2）恢复道路通行。清除因车祸引起的路障，抢修被破坏的路段，指挥疏导滞留车辆通行。

（3）妥善保管遗体遗物。公安交警、卫生健康部门和医疗救治单位要妥善保管遗物和死者遗体。

（4）勘查事故现场。公安交警对车祸现场进行勘查，查明事发原因。

（5）防疫洗消清理。卫生防疫部门对事故现场进行卫生防疫，并进行洗消和清理。

（六）注意事项

（1）车祸发生后，应严格加强交通管理。必要时，应建议交通管理部门紧急关闭交通道路，特别是高速公路，防止其他车辆拥入堵塞交通。

（2）注意自身安全，加强自身防护。火灾扑救过程中，要注意防止油箱爆炸、车胎爆裂、装载危险物品发生爆炸及腐蚀液体烧伤，遇到有毒物品时，应及时佩戴呼吸器，着封闭式防化服。破拆时，应注意玻璃碎片、角铁等尖锐物品。车祸抢险救援时，应组织部分力量对现场外围实施警戒，以配合交通管理部门判断事发原因和车祸性质。

（3）做好现场事态研判，防止次生事故。发生车祸的地点如靠近危险地域，应该对周围的地形进行勘查，查看是否有滑坡、地层下陷和高压线杆倒落等情况，并固定车体，以免造成车体滑落或翻车。

（4）做好伤员心理疏导和遇难者善后工作。对未受伤的或轻伤的乘客要集中管理，防止扰乱救护秩序；对闻讯赶至的受难者家属要派人做安抚工作。

二、液化石油气（LPG）槽罐运输车事故应急处置方法

（一）液化石油气理化性质

1．主要成分

液化石油气（LPG）是由多种烃类组成的混合物，目前，我国液化石油气的组成成分主要有 8 种，分别为丙烷、正丁烷、异丁烷、丙烯、1－丁烯、异丁烯、顺－2－丁烯、反－2－丁烯。

2．理化性质

液化石油气在不同压力、温度条件下为透明气体或黄棕色液体，爆炸极限约 1.5% ～ 9.5%（体积比），相对空气密度 1.5 ～ 2（20℃），闪点 －74℃，由液态变为气态时体积扩大约 300 倍。

3．危险特性

液化石油气有低毒，易燃烧爆炸，罐车底部泄漏的液化石油气往往呈液态，处置时若皮肤接触可引起冻伤。气态液化石油气密度比空气重，易在低洼处聚集。

（二）液化石油气（LPG）罐车结构

液化石油气罐车结构相对来说比较简单，主要部件成分有：车体、罐体、装卸装置、安全装置。

半挂式的运输车有两个装卸的操作箱，移动式的只有一个，操作箱都位于罐车的中部。

1．紧急切断装置

紧急切断装置是连接罐体和管路的一个阀门，相当于石油化工储罐的罐根阀，是为了在管路发生泄漏的时候进行紧急切断的装置，一般情况下在运输过程中是关闭状态，装卸的时候才打开。常见的紧急切断装置有机械抽拉式和液压式两种，液压式打压的时候是开启状态，放压的时候是关闭阀门状态，抽拉式向外拉开时是开启状态，往里推是关闭状态。

2．装卸管路

装卸管路分气相管路和液相管路，液相管路相比气相管路大一些。

3．液位计

液位计是用来观察与控制罐车充装液体量（容积或重量）的装置，一般设于罐车尾部，常用的有螺旋式、浮筒式、滑管式。当罐车倾翻角度大于30度时，液位计会失灵。

4．安全泄放装置

安全泄放装置主要指安全阀与爆破片组合的安全泄放装置。此装置的安全阀与爆破片串联组合并与罐体气相相通，设置在罐体上方。

当罐车侧翻大于30度时，罐体会超压，安全阀就会泄漏液相介质，切记在冷却时不能向安全阀打水，不然会冻住安全阀，使罐车失去本质安全。

（三）液化石油气槽罐车事故类型

1．未泄漏事故

液化石油气（LPG）槽罐车发生追尾、翻车、碰撞，罐体未受损，没有发生泄漏，但此时罐体的耐压能力可能受到影响，随着时间推移，气温上升、饱和蒸气压升高，车辆罐体可能发生瞬间泄压着火事故。

2．泄漏事故

液化石油气（LPG）槽罐车发生交通事故后，发生液相或气相泄漏。

3．泄漏燃烧爆炸事故

液化石油气（LPG）槽罐车发生交通事故后发生气相或液相泄漏，并发生爆炸燃烧事故，或者使罐车下坡制动系统过热，发生轮胎等部件的燃烧。

（四）液化石油气槽罐车事故应急处置方法

冷却降温。液化石油气槽车是高压常温罐体，在车辆发生事故的第一时间应利用雾状水均匀冷却降温，降低罐内饱和蒸气压，防止罐体超压爆炸。

稀释抑制。当罐体发生泄漏时应及时出水利用喷雾水或水幕水带对泄漏部位的气体进行稀释，防止气体达到爆炸浓度而着火爆炸。注意不能利用直流水，直流水冲击物体容易产生静电。同时稀释过程中也应避开安全阀，罐车发生泄漏时，由于气体的高速喷射也容易导致静电产生，所以，在处置过程中应把罐车尾部的导电装置插入大地。

放空排险。当罐车发生事故不具备倒罐措施时，可以进行自然放空处置，但利用这种排险方式要注意以下几点：

（1）周边无居民区。

（2）泄漏气体不会对周边的隧道、公路、铁路等产生影响。

（3）当区域条件有限制时，可以利用水带导流到安全区域放空。

关阀断料。当罐车的管路或操作箱里的设备发生泄漏时，可以在槽车尾部关闭紧急切断阀。

堵漏封堵。当罐车的管路发生泄漏或罐体发生泄漏时可以利用各种方式进行堵漏，在堵漏的过程中一定要杜绝火源，使用无火花工具进行操作，对罐体堵漏时要注意冷脆情况的发生，堵漏时不能用蛮力敲击罐体或者用铁器敲击罐体。

倒罐转输。这是利用罐车压差或转输设备将事故罐体的液化石油气导入安全罐消除危险源的操作。倒罐转输需要专家进行安全研判，在专业人员的操作下进行，倒罐时要注意控制氧的含量，因为石油气中含有丁二烯类物质，这类物质遇氧能够发生自催化、自分解反应，有爆炸的风险，因此要在安全罐和倒输管路中注氮惰化，在倒罐时要在下风方向设置水枪手，对泄漏的气体进行稀释。

引流控烧。由于罐体的区域限制不能自然放空排险，可进行引流控烧的方式，利用导管把罐内气体引到下风安全区域燃烧，这种方式处置时间较长。也可液相引流，在控烧时可安排两组火炬燃烧，防止一只火炬熄灭形成爆炸混合物。

吊装转运。利用这种转运方式时要将捆绑的钢丝绳用黄油浸湿，防止火花产生。吊装的钢丝绳捆法要有自紧的功能，起吊前要对罐体压力泄压，避免高压状态起吊。在起吊过程中不能打水冷却，防止安全阀出现意外。

安全监护。当转移罐车时，罐体仍存有液化石油气，或者采用了临时堵漏的方法等，在转运的过程中仍需要对车进行监护。

三、液化天然气（LNG）罐车泄漏事故应急处置方法

液化天然气（LNG）罐车发生碰撞、侧翻道路运输事故后，罐体及其管路、阀门等位置受到撞击后易发生破损，造成罐体内装载的液化天然气（LNG）发生泄漏。由于罐内介质为气液两相共存，泄漏部位不同会导致泄漏介质的状态不同。

（一）现场勘查与问询

1. 事态分析

（1）气相泄漏。低温气体泄漏后与环境进行热交换，随着温度的升高，其密度逐渐降低。当温度高于 −107℃时，天然气密度小于空气，非常容易飘散到高空中，难以与空气混合达到5% ~15%爆炸极限，爆炸危险性较小。然而，如果泄漏气体遇到点火源，那么发生燃烧的可能性会变大，会形成泄漏点喷火的情况，热辐射会导致罐内压力上升，甚至会发生物理性爆炸。

（2）液相泄漏。LNG 泄漏后，会与环境发生热交换，急速气化。由于相变过程需要吸收大量热量，随着泄漏量增大，泄漏点周边会逐渐形成低温区。当环境提供的热量不足以气化泄漏的 LNG 时，就会形成液池，低温区域不断扩大。

（3）爆炸极限。由于 LNG 是以 1:625 的比例气化膨胀的，所以液态泄漏比气态泄漏更容易达到爆炸极限而发生化学爆炸。

（4）低温状态。特别是在 −107℃以下的低温区域，天然气的密度比空气大，会沉积在地面，发生化学爆炸的可能性变大。即使未

达到爆炸极限，如果遇到点火源，气态天然气会发生火球燃烧，液池会发生池火，热辐射可能会导致罐内压力上升，甚至发生物理性爆炸。

（5）"冷爆炸"。由于水对于 LNG 来说是热源，如果 LNG 遇到大量的水，会发生快速气化膨胀，即发生所谓的"冷爆炸"。

2. 罐体真空夹层未破坏，泄漏点位于管路或阀门的分析

如果罐体真空夹层未被破坏，泄漏点发生在操作箱内的管路或阀门等位置，此时有可能为气相泄漏或液相泄漏。

（1）如果事故罐车处于直立状态，气相泄漏一般发生在气相管路或阀门，液相泄漏一般发生在液相管路或阀门。

（2）如果事故罐车处于 90 度侧翻状态，装载量较少时，气、液两相管路或阀门的泄漏介质均为气相，装载量较多时，气、液两相管路或阀门的泄漏介质均为液相。

（3）如果事故罐车处于 180 度倒翻状态，气相泄漏一般发生在液相管路或阀门，液相泄漏则发生在气相管路或阀门。

3. 罐体真空夹层破坏的泄漏分析

液化天然气（LNG）罐车的真空夹层是保持低温的关键，如果被破坏就失去了绝热作用。罐体真空层破坏包括内罐破坏、外罐破坏及内外罐同时破坏三种情况。

（1）内罐破坏。由于热应力和腐蚀的作用，内罐可能会出现砂眼，导致 LNG 渗漏进入真空夹层，与外罐接触发生热交换，空气中的水蒸气受冷凝结在外罐表面，呈现结霜现象。

1）随着泄漏量增加，夹层内天然气逐渐增多，当压力达到 0.02～0.07 兆帕时，外壳保险器会打开。同时，由于真空层被破坏，罐内 LNG 快速气化，内罐压力随之增加，

2）当压力达到 0.84 ~ 0.88 兆帕时，安全阀起跳。

3）当压力增加到 0.9 ~ 1.0 兆帕时，爆破片发生爆破。

4）若压力进一步增加超过 1.1 兆帕，就可能会发生物理性爆炸。

（2）外罐破坏。如果外罐被破坏，即使内罐完好无损，真空层亦被破坏，外界空气会进入真空夹层内。罐内 LNG 吸收热量气化，导致内罐压力逐渐增大，会先后发生安全阀起跳、爆破片爆破等情况，如果压力进一步增加也会发生物理爆炸。

（3）内外罐同时破坏。与前两种情况相同，如果内外罐同时破坏，罐内 LNG 受热气化，压力会逐渐增大。但不同的是，此种情况有介质泄漏到环境中，有可能为气相泄漏、液相泄漏或气液两相同时泄漏。此种情况是否会发生物理爆炸取决于泄漏口情况。如果泄漏口不足以释放罐内增加的压力，就可能会发生爆炸。另外，此种情况可能导致火球燃烧、液池火或化学爆炸。

（二）应急处置措施

液化天然气（LNG）泄漏事故情况复杂，燃烧、爆炸危险性较大。因此，处置过程应区分对待，明确处置重点，合理应用技术战术方法。

1．救援力量调集

考虑到液化天然气（LNG）泄漏事故的特殊性，除了水罐消防车和抢险救援车外，还应针对性地调集高倍泡沫消防车（控制气化速度）和干粉车（灭火）等车辆到场，并应携带可燃气体检测仪、红外测温枪、水幕水带、屏风水枪等器材。

2. 勘查和警戒

为确保安全，到场力量应尽量从上风方向接近事故点，并初步确定 400 米以外为安全集结区域，第一时间实施交通管制，禁绝火源、疏散群众。侦检人员应利用可燃气体检测仪检测天然气浓度，确定爆炸危险区域；利用红外测温枪检测现场温度，确定低温伤害区。在确保防爆、防冻等安全前提下，侦检人员应靠近事故车辆，重点勘查事故车状态、泄漏部位、泄漏介质状态、压力、温度等情况，为后续处置提供可靠的依据。另外，气体扩散过程受环境、天气等因素影响较大，为了避免燃烧、爆炸等事故的发生，应实施大范围气体浓度侦检，并将侦检工作贯穿整个处置过程。

3. 罐体真空夹层未破坏泄漏处置

（1）关阀或堵漏。对于气、液相管路的泄漏，可以首先选择关闭装卸阀门或紧急切断阀来抑制。如果泄漏点位于阀门控制以外，则可采取封堵的方法，但是，木材、橡胶、金属等材质会受低温影响会出现收缩、变脆、强度下降等情况，可能会导致堵漏失效。实践证明，冰冻为最佳堵漏方法，可以先采取布条、绳子等软体物质进行缠裹，减小泄漏口后实施滴水冰封堵漏。事实上，堵漏毕竟是临时措施，还是应及时采取倒罐等工艺方法，彻底消除危险源。另外，在堵漏难度较大的情况下，可采取放空的处置方式。

（2）现场保护。为消除已泄漏的 LNG，应在泄漏点周边的气态区域设置水幕水带、屏风水枪或喷雾水枪，起到稀释驱散的作用。另外，如果液相泄漏量较大，已经形成液池，应及时筑堤围堰，控制液态流动范围，并覆盖高倍数泡沫，控制气化速度，防止天然气浓度过高。

（3）控制燃烧。如果泄漏介质已经发生火灾，在保证罐体不受热辐射影响的前提下，可选择维持燃烧直至燃尽的方法；如果装载量较大，燃尽需要时间很长，在准备好可靠的堵漏措施后，可以采取干粉灭火，第一时间堵漏的方式进行处置。对于液池火灾，维持其燃尽为最佳方法。

4. 罐体真空层破坏泄漏处置

如确认罐体真空层已被破坏，应严禁出水冲击罐体。由于水相对温度较高，与罐体接触，会加快罐内 LNG 气化速度，导致压力升高，甚至发生物理爆炸。特别是内外罐全被破坏的情况下，水会在泄漏口结冰形成封堵，虽然抑制了 LNG 泄漏，但也阻止了压力外泄，罐内压力会快速增加，增大了爆炸的可能性。

由此可见，对于真空层被破坏的情况，堵漏不是最佳方案，反而有可能增加处置的危险性。

（1）排放泄压。内罐渗漏或外罐破坏两种情况的处置过程中，都应密切关注压力表状况，及时利用紧急泄压口等减小压力，防止物理爆炸的发生，但要控制泄放量，避免化学爆炸的可能。

（2）倒罐。如果具备倒罐条件，应及时进行倒罐，以减少危险源；如果不具备倒罐条件，可在大量喷雾水的保护下，采取放空的方式处置。

（3）控制燃烧。如果情况紧急，在确保安全的前提下，也可采用金属波纹管连接气相口，远端主动点燃直至燃尽的方式处置。

（4）放空排放。内外罐同时破坏的情况危险性较大，基本不具备倒罐条件，应以放空为主。如已经发生火灾，维持燃尽为最佳方法。当热辐射对罐体影响较大时，应及时利用干粉灭火，采取喷雾水保护放空的方式进行处置。此种情况有介质泄漏到环境中，若采取主动点燃的方式，危险性较大。

（三）注意事项

（1）低温防护。为了避免冻伤，在进入低温区域处置时，必须穿好防冻衣，戴上无吸收性的手套（PVC 或皮革制成），并使用面罩或护目镜保护眼睛。

（2）避免静电。为了防止静电引发燃烧或爆炸事故，处置人员应着防静电服，第一时间连接罐车的接地设备，并避免使用直流射水，减少直接冲击罐体。

（3）防止回火。在采取维持燃尽的处置方法时，随着罐内压力逐渐减小，有可能会出现回火爆炸的情况，应及时打灭末期火焰，采取放空方式处置少量剩余介质。

第十一讲　水上突发事件应急处置要点

一、水上突发事件等级划分

水上突发事件分为四级。

1. 符合下列情况之一的，为特别重大水上突发事件（Ⅰ级）

（1）造成 30 人以上死亡（含失踪）。

（2）危及 30 人以上生命安全。

（3）客船、化学品船发生严重危及船舶或人员生命安全的水上突发事件。

（4）载员 30 人以上的民用航空器在水上突发事件。

（5）单船 10000 总吨以上船舶发生碰撞、触礁、火灾等对船舶及人员生命安全造成威胁的水上突发事件。

（6）危及 30 人以上人员安全的水上保安事件。

（7）急需国务院协调有关地区、部门或军队共同组织救援的水上突发事件。

（8）其他可能造成特大危害、社会影响的水上突发事件。

2．符合下列情况之一的，为重大水上突发事件（Ⅱ级）

（1）造成 10 人以上、30 人以下死亡（含失踪）。

（2）危及 10 人以上、30 人以下生命安全。

（3）载员 30 人以下的民用航空器在水上发生突发事件。

（4）3000 总吨以上、10000 总吨以下的非客船、非危险化学品船发生碰撞、触礁、火灾等对船舶及人员生命安全造成威胁。

（5）其他可能造成严重危害、社会影响和国际影响的水上突发事件。

3．符合下列情况之一的，为较大水上突发事件（Ⅲ级）

（1）造成 3 人以上、10 人以下死亡（含失踪）。

（2）危及 3 人以上、10 人以下生命安全。

（3）500 总吨以上、3000 总吨以下的非客船、非危险化学品船舶发生碰撞、触礁、火灾等对船舶及人员生命安全造成威胁。

（4）其他造成或可能造成较大社会影响的水上突发事件。

4．符合下列情况之一的，为一般水上突发事件（Ⅳ级）

（1）造成 3 人以下死亡（含失踪）。

（2）危及 3 人以下生命安全。

（3）500 总吨以下的非客船、非危险化学品船发生碰撞、触礁、火灾等对船舶及人员生命安全构成威胁。

（4）其他造成或可能造成一般危害后果的水上突发事件。

二、水上突发事件应急救援指挥基本流程

（一）侦察检测

（1）了解事故类别、事故现场及周边区域的道路、交通等情况。

（2）了解溺水或受困人员情况，包括：溺水或受困时间、地点、人数等。

（3）了解水域温度、深度、水面宽度、水流方向、流速、水质浑浊程度、水面行驶船只等情况。

（4）了解岸边地形、地貌、建筑物等情况。

（5）了解前往溺水地点及孤岛的有效途径和方法。

（6）评估现场救援处置所需的人力、器材装备及其他资源。

（二）警戒疏散

（1）根据侦察检测情况确定警戒范围，划定警戒区，设置警戒标志。

（2）疏散非救援人员，禁止无关船只、车辆、人员进入现场。

（3）实施现场管理，动态监测现场情况。

（三）安全防护

（1）救援人员必须穿好救生衣、身系安全绳、戴水域救援头盔，携带口哨、灯具、切割装备等，在岸上人员的保护下入水。

（2）若需潜水救人时，需由专业潜水员着潜水服下水，并采取相应的安全措施。

（3）冲锋舟、橡皮艇下水时必须用安全绳保护。

（4）寒冷天气需考虑救援人员的防寒保暖。

（5）安全员对救援人员的安全防护进行检查，做好记录。

（四）人员搜救及险情排除

（1）分析现场情况，充分考虑救助过程中可能存在的危险因素，确定救援行动方案。

（2）孤岛救援时，应优先考虑采用合理方式建立救生通道。冲锋舟、橡皮艇沿救生通道到达孤岛实施救援。如距离远、河水深、水流急，应使用较大船舶靠近孤岛，再施放冲锋舟救人。冲锋舟要用安全绳进行保护。

（3）对溺水者救援时，根据实际情况划定搜索区域，利用冲锋舟、橡皮艇实施搜索，救援过程中应有保护措施。

（4）坠入水域车辆救援时，首先要击破车窗或打开车门救助车内人员，然后调用大型吊车到场，将落水车辆吊上路面。

（5）冰面塌陷人员掉入冰窖时，救援人员要穿戴救生衣、系安全绳，做好防寒保暖措施。

（6）上述救援过程中如需潜水抢救人员生命，应派受过专业训练的潜水队员下水作业，其他潜水作业应主要依托地方专业潜水队伍。

（7）被救上岸的溺水者，应迅速移交医疗急救人员进行救护。

（五）现场清理

（1）对事故现场复查，确认现场已无遇险人员。

（2）做好登记统计，核实救援人数。

（3）清点人员，收集、整理器材装备。

（4）撤除警戒，做好移交，安全撤离。

第十二讲　有限空间事故应急处置要点

有限空间是指封闭或者部分封闭，与外界相对隔离，人员进出受限但可以进入、未被设计为固定工作场所，作业人员不能长时间在内工作的空间。这些环境场地狭小，自然通风不良，若不采取通风措施，易造成有毒有害、易燃易爆物质积聚或者氧含量不足，或存在淹溺、坍塌掩埋、触电、机械伤害等其他危险有害因素。

一、有限空间分类

有限空间主要分为三大类：封闭或部分封闭设备、地下封闭或部分封闭空间、地上封闭或部分封闭空间。

（1）封闭或部分封闭设备。如船舱、贮（储）罐、车载槽罐、反应塔（釜）、冷藏箱、压力容器、管道、烟道、锅炉等。

（2）地下封闭或部分封闭空间。如地下管道（井）、地下室、地下仓库、地下工程、地下储藏室、暗沟（渠）、窨井（沙井）、隧道、涵洞、地坑、废井、地窖、污水池（井）、化粪池、沼气池、下水道等。

（3）地上封闭或部分封闭空间。如储藏室、酒糟池、发酵池、垃圾站、温室、冷库（气调库）、粮仓、料仓等。

二、有限空间作业

有限空间作业指作业人员进入或探入有限空间实施的危险作业活动。

（一）常见的有限空间作业

（1）清除、清理作业。如进入污水井进行疏通，进入发酵池进行清理等。

（2）设备设施的安装、更换、维修等作业。如进入地下管沟敷设线缆、进入污水调节池更换设备等。

（3）涂装、防腐、防水、焊接等作业。如在储罐内进行防腐作业、在船舱内进行焊接作业等。

（4）巡查、检修等作业。如进入检查井、热力管沟进行巡检等。

（二）作业频次分类

按作业频次划分，有限空间作业可分为经常性作业和偶发性作业：

（1）经常性作业指有限空间作业是单位的主要作业类型，作业量大、作业频次高。例如，从事水、电、气、热等市政运行领域施工、运维、巡检等作业的单位，有限空间作业属于单位的经常性作业。

（2）偶发性作业指有限空间作业仅是单位偶尔涉及的作业类型，作业量小、作业频次低。例如，工业生产领域的单位对炉、釜、塔、罐、管道等有限空间进行清洗、维修，餐饮、住宿等单位对污水井、化粪池进行疏通、清掏等有限空间作业就属于单位的偶发性作业。

（三）作业主体分类

按作业主体划分，有限空间作业可分为自行作业和发包作业：

（1）自行作业指由本单位人员实施的有限空间作业。

（2）发包作业指将作业进行发包，由承包单位实施的有限空间作业。

三、有限空间作业安全风险

有限空间作业存在的主要安全风险包括中毒、缺氧窒息、燃爆以及淹溺、高处坠落、触电、物体打击、机械伤害、灼烫、坍塌、掩埋、高温高湿等。在某些环境下，上述风险可能共存，并具有隐蔽性和突发性。

（一）中毒

引发有限空间作业中毒风险的典型物质有：硫化氢、一氧化碳、苯和苯系物、氰化氢、磷化氢等。

（二）缺氧窒息

空气中氧含量的体积分数约为 20.9%，氧含量低于 19.5% 时就是缺氧。缺氧会对人体多个系统及脏器造成影响，严重的会致人死亡。

有限空间内缺氧主要有两种情形：一是由于生物的呼吸作用或物质的氧化作用，有限空间内的氧气被消耗导致缺氧；二是有限空间内存在二氧化碳、甲烷、氮气、氩气、水蒸气和六氟化硫等单纯性窒息气体，排挤氧空间，使空气中氧含量降低，造成缺氧。

引发有限空间作业缺氧风险的典型物质有二氧化碳、甲烷、氮气、氩气等。

（三）燃爆

有限空间中积聚的易燃易爆物质与空气混合形成爆炸性混合物，若混合物浓度达到其爆炸极限，遇明火、化学反应放热、撞击或摩擦火花、电气火花、静电火花等点火源时，就会发生燃爆事故。

有限空间作业中常见的易燃易爆物质有甲烷、氢气等可燃性气体以及铝粉、玉米淀粉、煤粉等可燃性粉尘。

（四）其他安全风险

有限空间内还可能存在淹溺、高处坠落、触电、物体打击、机械伤害、灼烫、坍塌、掩埋和高温高湿等安全风险。

四、作业前应急准备

（一）作业方案

生产经营单位应对作业环境进行评估，检测和分析存在的危险或有害因素，提出消除、控制危险或有害因素的措施，制定有限空间作业方案，明确有限空间作业现场负责人、监护人员、作业人员及其安全职责，经本单位安全生产管理人员审核、负责人批准，并落实相关消除、控制危险或有害因素的措施。

（二）安全交底

生产经营单位应将有限空间作业方案、作业现场可能存在的危险或有害因素、作业安全要求、防控措施及应急处置措施等，明确告知有限空间作业现场负责人、监护人员、作业人员。

（三）作业警戒

作业前，应根据作业方案和实际作业需要设置作业警戒区域，防止无关人员和车辆等进入作业现场。

（四）联络信号

作业前，作业现场负责人应会同监护人员、作业人员明确安全、报警、撤离、支援等联络信号。

（五）安全防护

作业前，应对安全防护装备设施、个体防护装备、作业设备和工具等进行安全性能检查，发现问题立即更换。作业人员必须正确佩戴个体防护装备，方可实施作业。

五、安全防护与应急救援设备设施

（一）便携式气体检测报警仪

便携式气体检测报警仪可连续实时监测并显示被测气体浓度，当达到设定报警值时可实时报警。按传感器数量划分，便携式气体检测报警仪可分为单一式和复合式；按采样方式划分，便携式气体检测报警仪可分为扩散式和泵吸式。

（二）呼吸防护用品

根据呼吸防护方法，呼吸防护用品可分为隔绝式和过滤式两大类。

1. 隔绝式呼吸防护用品

隔绝式呼吸防护用品能使佩戴者呼吸器官与作业环境隔绝，靠本身携带的气源或者通过导气管引入作业环境以外的洁净气源供佩戴者呼吸。常见的隔绝式呼吸防护用品有长管呼吸器、正压式空气呼吸器和隔绝式紧急逃生呼吸器。

（1）长管呼吸器

长管呼吸器主要分为自吸式、连续送风式和高压送风式三种。自吸式长管呼吸器依靠佩戴者自主呼吸，克服过滤元件阻力，将清洁的空气吸进面罩内；连续送风式长管呼吸器通过风机或空压机供气为佩戴者输送洁净空气；高压送风式长管呼吸器通过压缩空气或高压气瓶供气为佩戴者提供洁净空气。

（2）正压式空气呼吸器

正压式空气呼吸器是使用者自带压缩空气源的一种正压式隔绝

式呼吸防护用品。正压式空气呼吸器使用时间受气瓶气压和使用者呼吸量等因素影响，一般供气时间为 40 分钟左右，主要用于应急救援或在危险性较高的作业环境内短时间作业使用，但不能在水下使用。

（3）隔绝式紧急逃生呼吸器

隔绝式紧急逃生呼吸器是在出现意外情况时，帮助作业人员自主逃生使用的隔绝式呼吸防护用品，一般供气时间为 15 分钟左右。

2．过滤式呼吸防护用品

过滤式呼吸防护用品能把使用者从作业环境吸入的气体通过净化部件的吸附、吸收、催化或过滤等作用，去除其中有害物质后作为气源供使用者呼吸。常见的过滤式呼吸防护用品有防尘口罩和防毒面具等。

在选用过滤式呼吸防护用品时应充分考虑其局限性，应注意以下问题：过滤式呼吸防护用品不能在缺氧环境中使用；现有的过滤元件不能防护全部有毒有害物质；过滤元件容量有限，防护时间会随有毒有害物质浓度的升高而缩短，有毒有害物质浓度过高时甚至可能瞬时穿透过滤元件。鉴于过滤式呼吸防护用品的局限性和有限空间作业的高风险性，作业时不宜使用过滤式呼吸防护用品，若必须使用则应严格论证，充分考虑有限空间作业环境中有毒有害气体种类和浓度范围，确保所选用的过滤式呼吸防护用品与作业环境中有毒有害气体相匹配，防护能力满足作业安全要求，并在使用过程中加强监护，确保使用人员人身安全。

（三）坠落防护用品

有限空间作业或应急救援过程中常用的坠落防护用品主要包括全身式安全带、速差自控器、安全绳以及三脚架等。

（1）全身式安全带。全身式安全带可在坠落者坠落时保持其正常体位，防止坠落者从安全带内滑脱，还能将冲击力平均分散到整个躯干部分，减少对坠落者的身体伤害。全身式安全带应在制造商规定的期限内使用，一般不超过 5 年。

（2）速差自控器。速差自控器又称速差器、防坠器等，使用时安装在挂点上，通过装有可伸缩长度的绳（带）串联在系带和挂点之间，在坠落发生时因速度变化引发制动从而对坠落者进行防护。

（3）安全绳。安全绳是在安全带中连接系带与挂点的绳（带），一般与缓冲器配合使用，起到吸收冲击能量的作用。

（4）三脚架。三脚架作为一种移动式挂点装置广泛用于有限空间作业或应急救援过程中（垂直方向）中，特别是与绞盘、速差自控器、安全绳、全身式安全带等配合使用，可用于有限空间作业的坠落防护和事故应急救援。

（四）其他个体防护用品

为避免或减轻人员头部受到伤害，有限空间作业人员或应急救援人员应正确佩戴安全帽。生产经营单位或现场抢险指挥部应根据有限空间作业环境特点和救援要求，为作业人员或救援人员配备相对应的防护服、防护手套、防护眼镜、防护鞋等个体防护用品。例如，易燃易爆环境，应配备防静电服、防静电鞋；涉水作业环境，应配备防水服、防水胶鞋；可能接触酸碱等腐蚀性化学品的，应配备防酸碱防护服、防护鞋、防护手套等。

（五）安全器具

（1）通风设备。移动式风机是对有限空间进行强制通风的设备，通常有送风和排风两种通风方式。

（2）照明设备。当有限空间内照明度不足时，应使用照明设备。有限空间作业常用的照明设备有头灯、手电等。

（3）通信设备。当作业现场无法通过目视、喊话等方式进行沟通时，应使用对讲机等通信设备，便于现场作业人员之间的沟通。

（六）围挡设备和警示设施

有限空间作业或应急救援过程中可使用隔离桩、警戒带等围挡设备和安全警示标志或安全告知牌。

六、事故应急处置流程

（一）区域警戒

及时疏散事故现场围观人员和有可能影响事故救援行动的车辆等，根据救援行动实际需要设置事故警戒区域，防止无关人员和车辆进入事故现场。

（二）气体检测

采用气体检测设备设施，对有限空间内的气体进行实时检测，掌握有限空间内气体组成及其浓度变化情况。

（三）事态研判

现场应急救援人员应根据作业现场气体检测结果，判断事故危害类型为中毒窒息类或其他类型，了解受困人员状态。

（四）持续通风

现场应急救援人员打开有限空间人孔、手孔、料孔、风门、烟门等与外部相连通的部件进行自然通风，必要时使用机械通风设备向有限空间内输送清洁空气，直至事故救援行动结束。当有限空间内含有易燃易爆气体或粉尘时，应使用防爆型通风设备。

（五）救援实施

事故发生后，应按照以下顺序采取应急救援行动：第一，受困人员保持清醒和冷静，充分利用所携带的个体防护装备和周边设备设施开展自救互救；第二，救援人员在有限空间外部通过施放绳索等方式，对受困人员进行施救；第三，救援人员在正确佩戴个体防护装备，确保自身安全的前提下，进入或接近有限空间对受困人员进行施救。

（1）中毒窒息事故救援。当事故危害类型判断为中毒窒息事故或进入有限空间实施救援行动过程中存在中毒窒息风险时，救援人员必须在正确携带便携式气体检测设备、隔绝式正压呼吸器、通信设备、安全绳索等装备后，方可进入有限空间实施救援。

（2）非中毒窒息事故救援。当事故危害类型判断为触电、高处坠落等非中毒窒息事故且进入有限空间实施救援行动过程中不存在中毒窒息风险时，救援人员必须在正确携带相应侦检设备、通信设备、安全绳索等装备后，方可进入有限空间实施救援。

（六）保持联络

救援人员进入有限空间实施救援行动过程中，应按照事先明确的联络信号，与有限空间外部人员进行有效联络，保持通信畅通。

（七）撤离危险区域

救援人员应时刻注意隔绝式正压呼吸器压力变化情况，根据撤出有限空间所需时间及时撤离危险区域。当隔绝式正压呼吸器发出报警时，应立即撤离危险区域。

（八）轮换救援

救援需持续时间较长时，为确保救援任务顺利完成，应科学分配救援人员，组织梯次轮换救援，保持救援人员体力充足、呼吸器压力足够，能够持续开展救援行动。

（九）医疗救护

将受困人员救出后，迅速转移至通风良好处，及时送医治疗，防止发生二次伤害。在条件允许的情况下，具有医疗救护资质或具备急救技能的人员，应对救出人员及时采取正确的救护措施。

（十）后续处置

救援行动结束后，应及时清理事故现场残留的有毒有害物质，检查被污染的设备、工具等，清点核实现场人员，对参与救援行动的人员进行健康检查。

第十三讲 尾矿库险情应急处置要点

尾矿库险情常在汛期发生，而重大险情又多在暴雨时发生。汛期尾矿库处于高水位工作状态，调洪库容减小，遇特大暴雨极易造成洪水漫顶。同时，汛期浸润线位置较高，坝体饱和区扩大，使坝体稳定性降低。此外，风浪冲击也易造成坝顶决口溃坝。因此，做好汛期尾矿库抢险工作对确保尾矿库安全运行至关重要。

一、防漫顶措施

尾矿坝为散粒结构，若洪水漫顶就会迅速冲出决口，造成溃坝事故。当排水设施已全部使用而水位仍继续上升，根据水情预报可能发生险情时，应抢筑子堤，增加挡水高度。在堤顶不宽、土质较差的情况下，用土袋抢筑子堤。在铺第一层土袋前，要清理堤坝顶的杂物并耙松，用草袋、编织袋、麻袋或蒲包装土7成左右，将袋口缝紧，铺于子堤的迎水面。铺砌时，袋口应向背水侧互相搭界，用脚踩实，要求上下层袋缝错开。待铺叠至预计水位以上时，再在土袋背水面填土夯实。填土的坡度不得陡于1:1。

在缺土、浪大、堤顶较窄的情况下，可采用单层木板或埽捆筑子堤。其具体做法是：先在堤顶距上游边缘约0.5～1.0米处打小木桩一排，木桩长1.5～2.0米，埋入土中0.5～1.0米，桩距1.0米。再在木桩的背水侧用钉子、铅丝将单层木板或埽捆（长2～3米，直径约0.3米）钉牢，然后在后面填土加戗。

当出现超过设计标准的特大洪水时，应在抢筑子堤的同时，报请上级批准，采取非常措施排洪，降低库水位。如选择单薄山脊或基岩较好的副坝炸出缺口排洪，开放上游河道预先选定的分洪口分洪或打开排水井正常水位以下的多层窗口加大排水能力，以确保主坝坝体安全。严禁随意在主坝坝顶上开沟泄洪。

二、防风浪冲击

对尾矿坝坝顶受风浪冲击而决口的抢险，可采取防浪措施处理。用草袋或麻袋装土（或砂）约70%，放置在波浪上下波动的部位，袋口用绳缝合，并互相叠压成鱼鳞状。当风浪较小时，还可采用柴排防浪。具体做法是：用柳枝、芦苇或其他秸秆扎成直径为0.5～0.8米的柴枕，长10～30米，枕的中心卷入两根5～7米的竹缆做芯子，枕的纵向每0.6～1.0米用铅丝捆扎。在堤顶或背水坡签钉木桩，用麻绳或竹缆把柴枕连在桩上，然后堆放在迎水坡波浪拍击的地段。

三、滑坡的处理

滑坡抢险的基本原则是：上部减载下部压重，即在主裂缝部位进行削坡，而在坝角部位进行压坡。尽可能降低库水位，沿滑动体和附近的坡面上开沟导渗，使渗透水能够很快排出。若滑动裂缝达到坝角，应该首先采取压重固角的措施。

对于滑坡体上部已经松动的土体，应彻底挖除，然后按坝坡线分层回填夯实，并做好护坡。

对坝体有软弱夹层，或抗剪强度较低，且背水坡较陡而造成的滑坡，应降低库水位。因排水设施堵塞而引起的背水坡滑坡，还需恢复排水设施效能，筑压重台固角。

处理滑坡时应注意：开挖与回填应符合上部减载下部压重的原则。开挖回填工作应分段进行，并保持允许的开挖边坡，开挖中对松土与稀泥都必须彻底清除。进行填土时，最好不要采用碾压施工，以免因原坝体固结沉陷而开裂。滑坡主裂缝一般不宜采取灌浆的方法处理。

滑坡处理前，应严格防止雨水渗入裂缝内。可用塑料薄膜、土工膜等加以覆盖。同时还应在裂缝上方修节水沟，以拦截和引走坝面的积水。

四、尾矿坝管涌的处置

管涌是尾矿坝坝基在较大渗透压力作用下而产生的险情，可采用降低内外水头差、减小渗透压力或用滤料导渗等措施进行处理。

（一） 滤水围井

在地基好管涌影响范围不大的情况下，可抢筑滤水围井。在管涌口沙环的外围，用土袋围一个不太高的围井，然后用滤料分层铺压，其顺序是自下而上分别填 0.2～0.3 米厚的粗沙、砾石、碎石、块石，一般情况可用三级级配。滤料最好要清洗，不含杂质，或用土工织物代替沙石滤层，上部直接堆放块石或砾石。围井内的涌水，在上部用管引出。

（二） 蓄水减渗

险情面积较大，地形适合，而附近又有土料时，可在其周围填筑土埂或用土工布包裹，已形成水池，续存渗水，利用池内水位升高，较少内外水头差，控制险情发展。

（三） 塘内压渗

若坝后积水水位较低，且发现水中有不断翻花或间断翻花等管涌现象时，不要任意降低积水位，可用芦苇秆和竹子做成竹帘、竹帛，围在险处周围，然后在围圈内填放滤料，以控制险情的发展。

如需要处理的管涌范围较大，而沙石土料又可解决时，可先向水内抛铺一层厚 15～30 厘米的粗沙或砾石，然后再铺压卵石或块石，做成透水压渗台。

（四） 降低水位

如堤坝后严重渗水，采用一些临时防护措施尚不能改善险情时，应降低库内水位，以减小渗透压力，使险情不致迅速恶化，但应控制库内水位下降速度。

第十四讲　油气管道事故应急处置要点

一、现场侦察与问询

　　到场后迅速进行侦察和询问知情人，掌握管道的基本情况（输送介质、材质、管径、压力、走向管线周边的沟井涵渠分布）；介质情况：理化特性、燃烧爆炸特性、有毒危害；事故的大概状况（泄漏量、有无次生着火、爆炸及人员伤亡等）；事故产生的大概原因；管道经过区域、周边人口密度与数量、周边主要建筑物性质（学校、村庄、居民区、工矿企业、易燃易爆场所、有毒有害环境、重要基础设施等），与周边建筑物的距离等情况。

二、警戒与监测

油气管道事故，尤其是输气管道事故，要设置警戒范围，要严格控制进入现场车辆、人员。设置可燃气体和有毒气体监测点，全程监测；设立现场安全员，全员掌握警报信号、撤离路线和联络方式。警戒区内严禁烟火；警戒区内禁止使用手机等通信工具及非防爆型的机电设备及仪器、仪表等；夜间抢险现场照明需采用安全照明灯。

三、车辆和人员防护

救援队伍到场后，要确认空气中可燃气体（蒸气）没有爆炸危险后方可让车辆、人员进场，进入有毒气体（蒸气）事故现场时要做好个人防护，着防化服、佩戴隔绝式空气呼吸器。操作人员进入警戒区前应按规定穿戴防静电服、鞋及防护用具，并严禁在作业区内穿脱和摘戴。作业现场应有专人监护，严禁单独操作。

四、工艺处置措施

发生管道事故时，应迅速关闭事故管段上、下游阀门，切断介质输送，防止起火时火势沿管线向下游蔓延造成更大的损失。

五、可燃液体管道处置

当事故管道为输油（可燃液体）管道时，若泄漏液体尚未被引燃，应迅速用泡沫覆盖泄漏液体，并设置围油栏（若泄漏液体已流入江、河、湖面，应设置围油栅），尽量回收泄漏液体以减少对环境的污染；若现场泄漏液体已被引燃，应迅速组织力量消灭火势，待检测空气中可燃气体浓度无爆炸危险后，方可进行挖掘、堵漏作业。

六、输气管道处置

当事故管道为输气管道时，若现场已发生爆炸、燃烧，在切断事故管道上、下游阀门后，应组织力量设置防御阵地，射水保护周围设施，直至事故管道内气体燃尽为止，不可盲目灭火；若现场未发生爆炸、燃烧，可在外围用雾状水稀释、驱散可燃气体，待检测已无爆炸危险后，方可进入现场进行挖掘堵漏作业。

七、其他处置措施

进入狭小、密闭空间内救人时，切忌让救援人员单人进入救援，需至少2人以上进入，并安排专人记录进入时间。事故现场处理完后，要集中收集处理现场的消防污水和残留的可燃液体。

第十五讲　消防救援队伍灾害与事故应急处置要点

综合性消防救援队伍或专职消防救援队伍灾害与事故应对的主要依据为《消防应急救援通则（GB/T29176—2012）》《消防应急救援作业规程（GB/T29176—2012）》，主要内容包括：原则与基本要求、适用灾害事故类别、消防应急救援技术类型以及危险化学品事故、机械设备事故、建（构）筑物倒塌险情、水域险情、野外险情、受限空间险情、沟渠险情等应急处置要点。

一、原则与基本要求

（一）原则

消防应急救援应遵循救人第一、科学施救的原则。

（二）基本要求

承担消防应急救援的综合性消防救援队伍或专职消防救援队伍应人员专业、装备齐全、训练科学、作业规范。

开展消防应急救援，应做到快速反应，合理调派力量，正确判断灾情，科学决策部署，及时采取有效措施营救遇险人员，控制灾情发展，最大限度减少事故危害。

二、适用灾害事故类别

一是危险化学品事故，包括爆炸品事故，压缩气体和液化气体事故，易燃液体事故，易燃固体、自燃物品和遇湿易燃物品事故，氧化剂和有机过氧化物事故，有毒品事故，放射性物品事故，腐蚀品事故等。

二是交通事故，包括公路交通事故、铁路交通事故、内河湖泊船舶事故、空难事故、轨道交通事故等。

三是建（构）筑物倒塌事故，包括地面建（构）筑物倒塌事故和地下建（构）筑物倒塌事故。

四是自然灾害，包括地震及其次生灾害、水灾及其次生灾害、风灾及其次生灾害、泥石流及其次生灾害等。

五是社会救助事件，包括机械挤压事件、水域遇险事件、山地遇险事件、井下遇险事件、高空遇险事件、电梯遇险事件、污水池遇险事件等。

三、消防应急救援技术类型

消防应急救援技术类型可分为危险化学品事故处置技术、机械设备事故处置技术、建（构）筑物倒塌事故处置技术、水域救援处置技术、野外救援处置技术、受限空间救援处置技术和沟渠救援处置技术等。

（一）危险化学品事故处置技术

危险化学品事故处置主要包括侦检、警戒、稀释、堵漏、输转、救生、洗消等技术与方法，适用于危险化学品事故处置和社会救助事件处置等。

（二）机械设备事故处置技术

机械设备事故处置主要包括警戒、破拆、起重、撑顶、牵引、救生等技术与方法，适用于交通事故处置、危险化学品事故处置和社会救助事件处置等。

（三）建（构）筑物倒塌事故处置技术

建（构）筑物倒塌事故处置主要包括警戒、侦检、破拆、起重、撑顶、救生等技术与方法，适用于建（构）筑物倒塌事故处置、危险化学品事故处置和自然灾害处置等。

（四）水域救援处置技术

水域救援处置主要包括侦检、警戒、水面搜救、救生等技术与方法，适用于交通事故处置、自然灾害处置和社会救助事件处置等。

（五）野外救援处置技术

野外救援处置主要包括侦检、攀登、缓降、救生等技术与方法，适用于社会救助事件处置、自然灾害处置和交通事故处置等。

消防应急救援技术类型与适用灾害事故类别主要对应关系表

适用灾害事故类别		消防应急救援技术类型						
		危险化学品事故处置技术	机械设备事故处置技术	建(构)筑物倒塌事故处置技术	水域救援处置技术	野外救援处置技术	受限空间救援处置技术	沟渠救援处置技术
危险化学品事故	爆炸品事故	√	√	√				
	压缩气体和液化气体事故	√	√	√				
	易燃液体事故	√	√					
	易燃固体、自燃物品和遇湿易燃物品事故	√	√					
	氧化剂和有机过氧化物事故	√	√					
	有毒品事故	√	√					
	放射性物品事故	√	√					
	腐蚀品事故	√	√					

续表

适用灾害事故类别		消防应急救援技术类型						
		危险化学品事故处置技术	机械设备事故处置技术	建(构)筑物倒塌事故处置技术	水域救援处置技术	野外救援处置技术	受限空间救援处置技术	沟渠救援处置技术
交通事故	公路交通事故		√				√	√
	铁路交通事故		√					
	内河湖泊船舶事故		√		√			
	空难事故		√		√	√		
	轨道交通事故		√				√	√
建(构)筑物倒塌事故	地面建(构)筑物倒塌事故			√			√	
	地下建(构)筑物倒塌事故			√			√	
自然灾害	地震及其次生灾害			√	√	√	√	√
	水灾及其次生灾害			√	√			
	风灾及其次生灾害			√	√	√	√	√
	泥石流及其次生灾害			√		√	√	√

续表

适用灾害事故类别		消防应急救援技术类型						
		危险化学品事故处置技术	机械设备事故处置技术	建(构)筑物倒塌事故处置技术	水域救援处置技术	野外救援处置技术	受限空间救援处置技术	沟渠救援处置技术
社会救助事件	机械挤压事件		√					
	水域遇险事件				√			
	山地遇险事件					√		
	井下遇险事件						√	√
	高空遇险事件		√				√	
	电梯遇险事件		√				√	
	污水池遇险事件	√					√	

注："√"为存在对应关系。

（六）受限空间救援处置技术

受限空间救援处置主要包括警戒、侦检、照明、破拆、撑顶、救生、送风排烟等技术与方法，适用于建（构）筑物倒塌事故处置、自然灾害处置和社会救助事件处置等。

（七）沟渠救援处置技术

沟渠救援处置主要包括警戒、侦检、送风排烟、缓降、起吊、支护、救生等技术与方法，适用于交通事故处置、自然灾害处置和社会救助事件处置等。

四、危险化学品事故消防救援队伍应急处置流程

危险化学品事故消防救援队伍应急处置主要内容包括：侦察检测、警戒疏散、安全防护、人员搜救、险情排除和现场清理等。

（一）侦察检测

（1）人员及车辆应从上风或侧上风方向接近事故现场。

（2）了解事故类别，借助各类侦检设备，掌握泄漏物质种类、泄漏物质储量、泄漏部位、泄漏速度以及现场风速、风向等环境情况。

（3）了解遇险人员数量、位置和伤亡情况。

（4）了解先期疏散抢救人员、已经采取的处置措施、内部消防设施配备及运行等情况。

（5）查明拟定警戒区内的人员数量、地形地物、电源、火源及交通道路情况。

（6）掌握现场及周边的消防水源位置、储量和给水方式。

（7）评估现场救援处置所需的人力、器材装备及其他资源。

（二）警戒疏散

（1）分析评估泄漏扩散范围和可能引发爆炸燃烧的危险因素及其后果。

（2）先行警戒或根据侦察检测情况确定警戒范围，划分重危区、轻危区、安全区，设置警戒标志和出入口。

（3）根据实际情况疏散泄漏区域和扩散可能波及范围内的非救

援人员。

（4）动态监测现场情况，适时调整警戒范围。

（5）规定安全撤离信号。

（三）安全防护

（1）根据侦察检测情况，确定安全防护等级，为进入重危区、轻危区的救援人员配备呼吸防护装备、化学防护服装等个人防护装备。

（2）安全员对救援人员的安全防护进行检查，做好记录。

（四）人员搜救

（1）评估现场情况，分析救助过程中可能存在的危险因素，确定救援行动方案。

（2）搜救人员携带器材装备进入搜救区域。

（3）采取正确的救助方式，将遇险人员疏散、转移至安全区。

（4）对救出人员进行必要的紧急救助后，移交医疗急救部门进行救护。

（五）险情排除

（1）技术支持。对事故状况进行分析，为制定抢险救援方案提供技术支持。

（2）禁绝火源。切断事故区域内的强弱电源，熄灭火源，停运高热设备，落实防静电措施，使用无火花工具作业。

（3）现场供水。确定供水方案，选用可靠高效的供水车辆和装备，采取合理的供水方式和方法，保证消防用水量。

（4）稀释防爆。启用固定、半固定消防设施及移动消防装备，驱散积聚、流动的气体，稀释气体浓度，防止形成爆炸性混合物；对于液体泄漏，采用泡沫覆盖方式，降低泄漏的液相危险化学品的蒸发速度，缩小气云范围；对高温高压装置进行冷却抑爆。

（5）关阀堵漏。检查阀门情况，若阀门尚未损坏，可协助技术人员或在技术人员指导下，关闭阀门切断泄漏源；根据罐体、管道、阀门、法兰等的泄漏情况，采取相应的堵漏方法实施堵漏。

（6）输转倒罐。在确保现场安全的条件下，合理采用惰性气体置换、压力差倒罐等方式转移事故容器中的危险化学品；对水面上的泄漏液体使用防爆抽吸泵、吸附垫等进行吸附和输转，或用分解剂降解驱散。

（7）主动点燃。当泄漏的气体物料有毒，或者容易积聚形成爆炸性混合气体，有可能造成人员中毒或爆炸等情况下，在确保安全的条件下可对具备点燃条件的泄漏气体实施主动点燃。

（8）洗消处理。在危险区和安全区交界处设置洗消站，对遇险人员进行洗消；行动结束后，对救援人员和器材装备进行洗消。

（六）现场清理

（1）少量液体泄漏可用沙土、水泥粉、煤灰等吸附、掩埋；大量液体泄漏可用防爆泵抽吸或使用无火花容器收集，集中处理。

（2）用分解剂、蒸气或惰性气体清扫现场，特别是低洼地、下水道、沟渠等处，确保不留残液（气）。

（3）妥善处理污水污液，防止二次污染。

（4）对事故现场复查，确认现场已无遇险人员。

（5）做好登记统计，核实获救人数。

（6）清点救援人员，收集、整理器材装备。

（7）撤除警戒，做好移交，安全撤离。

五、机械设备事故消防救援队伍应急处置流程

机械设备事故消防救援队伍应急处置主要包括：侦察检测、警戒疏散、安全防护、人员搜救及险情排除、现场清理等。

（一）侦察检测

（1）了解事故类别、事故现场及周边区域的道路、交通、水源等情况。

（2）了解遇险人员的位置、数量和伤亡情况。

（3）了解事故机械设备的主要特性。

（4）评估现场救援处置所需的人力、器材装备及其他资源。

（二）警戒疏散

（1）根据侦察检测情况确定警戒范围，划定警戒区，设置警戒标志。

（2）疏散非救援人员，禁止无关车辆、人员进入现场。

（3）实施现场管理，视情况实行交通管制。

（三）安全防护

（1）针对事故特点，采用相应的防护措施。

（2）救援人员应穿戴好个人防护装备。

（3）安全员对救援人员的安全防护进行检查，做好记录。

（四）人员搜救及险情排除

（1）分析现场情况，充分考虑救助过程中可能存在的危险因素，确定救援行动方案。

（2）利用破拆、起重、撑顶、牵引等器材装备，采用合理的施救方法，救助遇险人员脱离困境。

（3）对事故造成燃油泄漏的，在破拆时应采用喷雾水枪实施掩护或喷射泡沫覆盖泄漏区域，防止因金属碰撞或破拆时产生的火花引起油蒸气爆炸燃烧。

（4）遇险人员救出后交由医疗急救人员进行救护。

（五）现场清理

（1）做好登记统计，核实获救人数。

（2）清点救援人员，收集、整理器材装备。

（3）撤除警戒，做好移交，安全撤离。

六、建（构）筑物倒塌险情消防救援队伍应急处置流程

建（构）筑物倒塌险情消防救援队伍应急处置主要内容包括：侦察检测、警戒疏散、安全防护、人员搜救及险情排除、现场清理等。

（一）侦察检测

（1）了解事故类别、事故现场及周边区域的道路、交通、水源

等情况。

（2）了解遇险人员的位置、数量和伤亡情况。

（3）了解倒塌建筑的结构、布局、面积、高度、层数、使用性质、修建时间，发生倒塌的原因等情况。

（4）查明是否造成可燃气体管道泄漏、自来水管道破裂、停电等。

（5）通过外部观察和仪器检测，判断倒塌建筑结构的整体安全性，未倒塌部分是否还有再次倒塌的危险。

（6）评估现场救援处置所需的人力、器材装备及其他资源。

（二）警戒疏散

（1）根据侦察检测情况确定警戒范围，划定警戒区，设置警戒标志。

（2）疏散非救援人员，禁止无关车辆、人员进入现场。

（3）实施现场管理，动态监测现场情况。

（4）规定安全撤离信号。

（三）安全防护

（1）针对事故特点，采用相应的防护措施。

（2）救援人员应穿戴好个人防护装备。

（3）安全员对救援人员的安全防护进行检查，做好记录。

（四）人员搜救及险情排除

（1）分析现场情况，充分考虑救助过程中可能存在的危险因素，确定救援行动方案。

（2）迅速清除障碍，开辟通道，建立抢险救援平台或前沿阵地。

（3）评估二次坍塌的可能性，采取救援气垫、方木、角钢等进行支撑保护。

（4）进一步侦察探测，确定遇险人员具体位置。

（5）尝试与遇险人员建立联系，如有呼吸问题，通过风机送风或吊放氧气（空气）瓶等方式，确保遇险人员能够正常呼吸。

（6）采用挖掘、破拆、起吊、起重、撑顶等方法进行施救，特殊情况下可调集工程机械到现场协助救援。

（7）对搜救区域、危险建筑结构或危险点、遇险人员位置等进行标记。

（8）遇险人员如受伤或不能行动，可采用躯/肢体固定气囊、包扎带等紧急包扎，使用多功能担架、伤员固定抬板等转移伤员，并交由医疗急救人员进行救护。

（五）现场清理

（1）对事故现场复查，确认现场已无遇险人员。

（2）做好登记统计，核实获救人数。

（3）清点救援人员，收集、整理器材装备。

（4）撤除警戒，做好移交，安全撤离。

七、水域险情消防救援队伍应急处置流程

水域险情消防救援队伍应急处置主要包括：侦察检测、警戒疏散、安全防护、人员搜救及险情排除、现场清理等。（具体操作流程详见第 126 页相关内容）

八、野外险情消防救援队伍应急处置流程

野外险情消防救援队伍应急处置主要包括：侦察检测、警戒疏散、安全防护、人员搜救及险情排除、现场清理等。

（一）侦察检测

（1）了解灾害事故类别，查明遇险人员所处位置，周围的地形、地貌、障碍物，以及有无救援器材的使用条件等情况。

（2）了解遇险人员的位置、数量和伤亡情况。

（3）掌握现场的天气、地质等情况。

（4）评估现场救援处置所需的人力、器材装备及其他资源。

（二）警戒疏散

（1）根据侦察检测情况确定警戒范围，划定警戒区，设置警戒标志。

（2）疏散非救援人员，禁止无关车辆、人员进入现场。

（3）实施现场管理，动态监测现场情况。

（三）安全防护

（1）救援人员个人防护装备佩戴齐全，携带野外通信设备。

（2）救援人员应配备满足个人紧急用医疗救护包。

（3）救援人员应准备足够的食物和水。

（4）救援人员应携带地图、指南针、导航仪等装置，获取所需的地理信息。

（5）安全员对救援人员的安全防护进行检查，做好记录。

（四）人员搜救及险情排除

（1）分析现场情况，充分考虑救助过程中可能存在的危险因素，确定救援行动方案。

（2）进一步侦察探测，确定遇险人员的具体位置。

（3）采用正确的救援方法救出遇险人员。

（4）遇险人员如受伤或不能行动，可采用躯/肢体固定气囊、包扎带等紧急包扎，使用多功能担架、伤员固定抬板等转移伤员，交由医疗急救人员进行救护。

（5）情况危急、救援难度大时，可请求调用飞机支援。

（五）现场清理

（1）对事故现场复查，确认现场已无遇险人员。

（2）做好登记统计，核实获救人数。

（3）清点救援人员，收集、整理器材装备。

（4）撤除警戒，做好移交，安全撤离。

九、受限空间险情消防救援队伍应急处置流程

受限空间险情消防救援队伍应急处置主要包括：侦察检测、警戒疏散、安全防护、人员搜救及险情排除、现场清理等。

（一）侦察检测

（1）了解事故类别、事故现场及周边区域的道路、交通、水源

等情况。

（2）了解遇险人员的位置、数量和伤亡情况。

（3）了解受限空间的结构、设施等情况。

（4）检测受限空间内空气状况。

（5）评估现场救援处置所需的人力、器材装备及其他资源。

（二）警戒疏散

（1）根据侦察检测情况确定警戒范围，划定警戒区，设置警戒标志。

（2）疏散非救援人员，禁止无关车辆、人员进入现场。

（3）实施现场管理，动态监测现场情况。

（三）安全防护

（1）救援人员需佩戴有他救接头的呼吸器，携带备用逃生面罩、通信、照明以及绳索等器材装备。进行井下救援时，如井下有水，救援人员应着救生衣或潜水服装，并使用移动供气源。

（2）安全员对救援人员的安全防护进行检查，做好记录。

（3）与进入受限空间内的救援人员保持联系，时时掌握情况并做好接应准备。

（四）人员搜救及险情排除

（1）分析现场情况，充分考虑救助过程中可能存在的危险因素，确定救援行动方案。

（2）对所需进入空间的空气进行持续性或者经常性的监测。

（3）进一步侦察探测，确定遇险人员具体位置。

（4）尝试与遇险人员建立联系，如有呼吸问题，通过风机送风或吊放氧气（空气）瓶等方式，确保遇险人员能够正常呼吸。

（5）采用破拆、撑顶、绳索救援等方法救助遇险人员。

（6）遇险人员如受伤或不能行动，可采用躯/肢体固定气囊、包扎带等紧急包扎，使用多功能担架、伤员固定抬板等转移伤员，交由医疗急救人员进行救护。

（五）现场清理

（1）对事故现场复查，确认现场已无遇险人员。

（2）做好登记统计，核实获救人数。

（3）清点救援人员，收集、整理器材装备。

（4）撤除警戒，做好移交，安全撤离。

十、沟渠险情消防救援队伍应急处置流程

沟渠险情消防救援队伍应急处置主要包括：侦察检测、警戒疏散、安全防护、人员搜救及险情排除、现场清理等。

（一）侦察检测

（1）了解事故类别、事故现场及周边区域的道路、交通等情况。

（2）了解遇险人员的位置、数量和伤亡情况。

（3）了解沟渠的土壤性质、结构与设施等情况。

（4）检测沟渠内的空气状况。

（5）评估现场救援处置所需的人力、器材装备及其他资源。

（二）　警戒疏散

（1）根据侦察检测情况确定警戒范围，划定警戒区，设置警戒标志。

（2）疏散非救援人员，禁止无关车辆、人员进入现场。

（3）实施现场管理，动态监测现场情况，若有二次坍塌的危险，应及时报警并撤离。

（三）　安全防护

（1）进入顶部敞开的沟渠的救援人员，需穿戴防护服装，携带照明、通信、绳索等器材装备；进入地下沟渠的救援人员需穿戴防护服装，佩戴有他救接头的呼吸器，携带备用逃生面罩、通信、照明以及绳索等器材装备。

（2）安全员对救援人员的安全防护进行检查，做好记录。

（3）与进入内部的救援人员保持联系，实时掌握情况并做好接应准备。

（四）　人员搜救及险情排除

（1）分析现场情况，充分考虑救助过程中可能存在的危险因素，确定救援行动方案。

（2）对所需进入空间的空气进行持续性或者经常性的监测。

（3）进一步侦察探测确定遇险人员具体位置。

（4）尝试与遇险人员建立联系，如有呼吸问题，通过风机送风或吊放氧气（空气）瓶等方式，确保遇险人员能够正常呼吸。

（5）采用挖掘、破拆、支护、绳索救援等方法救助遇险人员，特殊情况下可调集工程机械到现场协助救援。

（6）遇险人员如受伤或不能行动，可采用躯/肢体固定气囊、包扎带等紧急包扎，使用多功能担架、伤员固定抬板等转移伤员，交由医疗急救人员进行救护。

（五）现场清理

（1）对事故现场复查，确认现场已无遇险人员。

（2）做好登记统计，核实获救人数。

（3）清点救援人员，收集、整理器材装备。

（4）撤除警戒，做好移交，安全撤离。

第十六讲 舆情应急处置要点

一、基本原则

（一）坚持舆论引导方向

首先必须把握正确政治方向，在政治立场、政治方向、政治原则、政治道路上同以习近平同志为核心的党中央保持高度一致。其次是把握正确舆论导向，无论是信息发布、信息服务还是新闻报道，都要有利于推动事件稳妥处置、维护社会和谐稳定。再次是把握自然平实基调，着眼大局来思考、决策和行动，坚持局部服从整体、小道理服从大道理。

（二）坚持以人为本

充分依靠群众，积极预防和最大限度地减少灾害事故对人民群众的危害，是各级领导干部的重要职责。坚持以人为本的原则是维护广大人民群众根本利益、保护人民生命财产安全的立足点，也是政府应急工作的出发点和落脚点。

（三）公开透明

公开透明是现代社会的重要特征，透明度决定公信度，信息公开是最好的方式。面对公众对灾害事故的信息需求，要及时发布信息，说明事实真相，加强与公众的交流互动，及时回应社会关切，在公开透明中赢得广大群众的信任和支持。

（四）把握好"时度效"

习近平总书记关于"时度效"的重要论述，是各级政府做好灾害事故舆论引导的重要指导原则和检验标尺。把握好"时"，就是把握信息发布的时机，总体上要快，处置部门快说、权威专家快解、主流媒体快报，迅速反应、抢占制高点、掌握主导权。把握好"度"，就是拿捏好分寸、尺度、火候，哪些问题全面报道、哪些问题简要报道，都需要认真分析，精准把握。把握好"效"，就是突出效果导向，遵循舆论传播规律，讲究引导艺术，实现正确导向要求与舆论引导实效的有机统一，最广泛凝聚各方共识。

（五）加强统筹协调

灾害事故的舆论引导涉及方方面面，是一项系统工程，需要加强统筹协调联动，形成工作合力。要坚持"一个窗口"的对外信息发布原则，及时发布灾害事故处置进展和预警预报信息，跟进开展科普宣传。舆论引导必须同实际工作结合起来，确保两方面工作同步研究、同步部署、同步推进，既"做好"又"说好"。

二、工作要求

（一）第一时间发布，主动引导

时效性是新闻的重要因素，尤其是灾害事故的公共信息。灾害事故发生初期，社会舆论处于真空状态，相关部门能够在第一时间发布权威信息，就能够成为国内外媒体的主要信息源，这样既体现了政府对事件的高度关注和积极作为，又可以满足社会公众信息的需求，还可以从源头有效遏制谣言的产生，稳定民心。

（二）内容真实、准确，体现政府权威

灾害事故的信息必须真实可靠、准确无误，只有这样，政府的公信力和权威性才能够牢固树立起来。因此，必须对要发布的信息进行多方综合确认、认真核查，保证所有信息绝对真实无误，方可向公众公布。在发布灾害事故信息的同时，要运用主流媒体渠道，及时跟进相关的分析，表明立场，加深公众对政府信息的认可度。如果能够针对各界关注的热点发布信息，主动积极地回答人们关心的问题，更能澄清事实，释疑答惑，获得公众认可。

（三）坚持滚动发布，满足公众知情权

灾害事故的发生和处置是一个延续的过程，其中的信息内容随

着事件本身不断变化，只有持续地滚动发布，坦诚面对公众，让公众能够获取越来越多的政府信息，才能保障公众的信息知情权，公众对政府的信任程度也会随之提高。尤其是在事件发生初期，坚持不断的信息发布，能让公众了解事态的发展及政府采取的各种举措，从而才能聚集民心，争取社会各种力量的支持，有助于化解问题。

（四）精心设置议题，做到有的放矢

在灾害事故信息发布中设置议题，就是对公众关注的热点问题进行跟踪、分析，并且准确研判，捕捉信息发布的着力点，加大信息发布力度。一方面，可以用准确权威的信息说话，帮助公众甄别真伪；另一方面，可以让公众看到政府对敏感问题和尖锐问题不回避的态度，以坦诚获得民心。

三、实战经验

（一）分级、分类、分别的"三分法"

1. 分级：心中有数才能精准施策

四级舆情（蓝色预警）的应对策略是关注、暂时不说。

三级舆情（黄色预警）的应对策略是政务新媒体简短轻松回应。

二级舆情（橙色预警）的应对策略是政务新媒体重点回应、给媒体发新闻稿。

一级舆情（红色预警）的应对策略是新闻发言人全面回应、高度重视、持续发布相关信息。

2．分类：找准病根才能对症下药

灾害事故的舆情或危机发生后，如果舆情分析确定是严重的，一定要冷静下来，弄清楚事件性质，只有分清楚类别，才能采取针对性的措施。

（1）确有其事：态度诚恳，积极整改。态度是关键，必须态度先行，诚恳并负责任的态度是得到舆论谅解的关键。唯有以平等、开放、理性、建设性的态度，才能创造与利益相关者的对话空间，同时得到舆论的谅解。

局部出错：迅速切割，厘清责任。局部出错的应对切割并非只切割责任，而是不为出错的人或事买单，不伤害政府的核心价值。

（2）遭遇诬陷：坚决斗争，诉诸法律。如果遭遇诬陷采取的措施一定是斗争。危机主体必须对真相负责，将对真相的查证视为一种责任。这既意味着讲真话的勇气和原则，同时也是脱离危机的唯一正确方法。

（3）误解误传：及时沟通，巧妙解释。面对误解误传要采取的措施就是澄清。常识是形成共识的基础，如果公众对认知事物所需的常识信息存在较大的不对称，那么巨大的意见分歧就不可避免，所以面对误解误传一定要巧妙解释。

（4）特殊情况：寻求帮助，综合施策。在实际舆情处置过程中，经常碰到一些较为敏感、较为紧急的舆情事件，或者经常有媒体恶意篡改标题，如果不及时修正或者处置，就有可能扩大负面传播，酿成更大的舆情事件。面对这种特殊情况，一是寻求新闻发布媒体，说明原因，请其帮助协调处置；二是寻求相关管理部门，请求协调处置。后者效果比较明显，但是这种情况必须有充足的证据理由。

3. 分别：因势利导才能事半功倍

对于误解误传，我们需要幽默应对，采用幽默、调侃方式进行回击，达到辟谣和主导舆论的双重效果；对于确实有错或者局部有错的舆情，适合正式应对，采用新闻发布会等官方平台发布；对一些较为特殊、敏感的舆情，适合采用第三方发布的方式应对。

（二）新闻发布的实战经验

1. 灾害事故新闻发布的"三步响应"

第一步是一套预案启动，一个平台运行，一个发布中心。

第二步是"三同步"操作，即事件处置、社会面控制与新闻发布同步。

第三步是"三判断"，即事实判断（真伪）、价值判断（对错）、趋势判断（舆论走向）。

2. 灾害事故新闻发布的五个时间阶段

第一时间：应急通报阶段（表态）。占领制高点，掌握定义权。完成三动作：核事实、拟口径、定谁说。掌握三要素：态度、措施、速度。兼顾三点论：上级意图、记者关注、公众利益。

第二时间：持续回应阶段（回应）。找准爆发点，站对立足点。批评曝光快核查，不实传言早回答。事态不止，回应不停。

第三时间：舆论导控阶段（解读）。明确质疑点，把握导控点。邀请第三方权威专家增信释疑，以公共话语设置议题（法律至上、公正在先、生命至尊、道义至高、科学为据）。

第四时间：善后处理阶段（举措）。扩大主阵地，赢得主导权。措施效果，追责处过，举一反三，善后整合。配合事件处理，介绍科学施策的新进展、秩序恢复的新状况、防范灾难重演的新举措。

　　第五时间：形象重塑阶段（引领）。释放正能量，构建新话语。将问题转化为议题，将危机引向机遇，将网意引向公意，将导向法意与引向公意衔接——激浊扬清，革除积弊。

第十七讲　区域警戒要点

一、目的

（1）保护灾害或事故发生现场。

（2）保护灾害或事故发生现场及周边的公众。

（3）防止未被授权的干扰影响调查取证或财产保护。

（4）协助救援机构的救援行动或其他救援单位的行动。

二、现场警戒区域设置的原则

灾害或事故发生后或将要发生时，根据如下原则划定警戒区：

（1）根据灾害或事故发生现场的地形（山地、平原、丘陵、盆地等）、周边环境（城市、农村、森林、水域等）、灾害或事故种类

（建筑物、装置、车辆、飞机及船舶等）、灾害或事故性质（火灾、爆炸、毒气泄漏、放射性物质泄漏）、灾害或事故预警级别（特别严重、严重、较重、一般），以及其他影响因素，对灾害或事故警戒区进行划定。

（2）采用灾害或事故后果计算模型或者根据发生过的类似灾害、事故的经验，对事态发展的趋势进行预测分析，根据对灾害发展趋势的预测结果，扩大或缩小警戒区的范围。

（3）应急救援行动结束或灾害消除后，解除对事故现场警戒区的划定。

三、现场警戒区域的设置

灾害或事故发生后，围绕灾害或事故发生点，由内及外拉设封锁线，设置警戒区。对大部分事故，如火灾事故、有毒物质泄漏事故，通常设三条封锁线，由内及外分别为现场封锁线、警戒封锁线和交通封锁线，并对应设置三层警戒区。

警戒区划定后，在封锁线上设立警戒标志，布置警戒人员，禁止未被授权的人员、车辆进入警戒区，进入警戒区的人员、车辆要遵从警戒人员的指挥安排，遵守警戒区内的管理规定。如易燃易爆气体泄漏后，警戒区内要严禁烟火，严禁使用非防爆的照明、摄录和通信设备，严禁穿化纤服装和带铁钉的鞋进入警戒区，不准携带铁质工具参加抢险救援活动，以防止产生撞击火花。

第十八讲　道路管制要点

高速公路、城市快速路、高等级公路发生交通事故后，公安交通管理部门和路政养护单位应按照《道路交通事故现场安全防护规范第 1 部分：高速公路》（GA/T1044.1—2012）要求进行现场安全防护。

一、具备通行条件或者短暂处置后能够恢复交通的事故现场安全防护

（一）设置临时通行车道

交通事故现场有通行条件的，应设置临时通行车道。在临时通行车道起始端应设置限速标志。

（二）设置警戒区

应在事故现场周围使用警戒带或符合 GA/T 415 反光锥形交通路标等设备，设置隔离警戒区域，警戒区内禁止无关车辆及人员进入。

（1）在警戒区前端从左侧（或右侧）护栏处至事故占用车道外侧车道分隔标线，沿约 45 度斜线，每隔 1.5～2 米放置 1 个锥形交通路标至占用车道外侧车道分隔标线。占用车道外侧车道分隔标线上应从来车方向起，每间隔 10～20 米放置一个锥形交通路标。

（2）在交通事故现场锥形交通路标上由前至后，设置车辆闯入报警设备。

（3）在警戒区前段，锥形交通路标后 2～3 米处，面向来车方向，设置警示标志，对临时通行车道限速。

（4）警戒区设置见下表。

警戒区设置

	白天			夜间、雨雪、雾霾等能见度不良天气条件		
	警戒区起始位置（米）	警戒区结束位置（米）	临时通行车道限速（公里/小时）	警戒区起始位置（米）	警戒区结束位置（米）	临时通行车道限速（公里/小时）
直线路段	上游：200	下游：50	40	上游：500	下游：50	20
弯道路段	上游：500	下游：50	20	上游：500	下游：50	20
隧道路段	上游：500	下游：50	20	上游：500	下游：50	20
匝道	上游：200	下游：50	20	上游：500	下游：50	20
坡道下坡	上游：500	下游：50	40	上游：500	下游：50	20
收费路段	上游：200	下游：50	20	上游：500	下游：50	20
夜间、雨雪、雾霾等能见度不良天气条件下，应增大警戒区范围，降低临时通行车道车辆限速值，有条件的可以开启音响警示设备。						

（三）设置预警区

为防止高速行驶的车辆闯入警戒区，应在警戒区上游一定距离设置预警标志，设定限速行驶的预警区。

（1）预警区应设置在交通事故现场警戒区上游，预警区前方及警戒区上游100米处应设置预警标志，预警标志设置在预警区相应位置的应急车道内，面向来车方向。

（2）夜间（日落后15分钟至日出前15分钟）、雨雪、雾霾天气等能见度不良天气条件下，预警标志应开启主动发光装置。

（3）预警区设置见下表。

警戒区设置

	白天			夜间、雨雪、雾霾等能见度不良天气条件		
	警戒区上游预警标志位置（米）	预警区限速（公里/小时）	警戒区上游100米处预警限速（公里/小时）	警戒区上游预警标志位置（米）	预警区限速（公里/小时）	警戒区上游100米处预警限速（公里/小时）
直线路段	400	80	40	500	80	40
弯道路段	400	80	40	500	80	40
隧道路段	500	80	40	500	80	40
匝道	400	80	40	500	80	40
坡道下坡	500	80	40	500	80	40
收费路段	400	80	40	500	80	20
夜间、雨雪、雾霾等能见度不良天气条件下，应增加预警路段长度，降低预警路段车辆限速值，有条件的可以开启音响警示设备。						

二、交通事故现场交通中断情况的安全防护

在交通事故现场上游来车方向的就近匝道前设置警示标志，实施交通分流，引导车辆绕行。

三、危险物品车辆事故现场的安全防护

载有危险物品（易燃、易爆、剧毒、腐蚀、放射性物品）的车辆发生事故后，事故发生地的公安机关应当立即报告当地政府，通知有关部门，并视情况在距中心现场周围1公里外设置警示标志和隔离设施，双向封闭道路，严禁无关人员、车辆进入。因专业施救需要移动车辆或物品时，现场勘查人员应当告知其做好标记，待险情消除后再勘查现场。严禁在险情未消除前进入现场。

全省基层干部应急处置能力培训教材编审委员会

主 任　范永斌　省委组织部副部长

成 员　梁　刚　省委组织部干部教育处处长

　　　　魏文章　省委党校（陕西行政学院）一级巡视员

　　　　李芳泓　省应急管理厅培训处处长

　　　　张　隆　省委网信办网络应急管理和网络舆情处处长

《应急处置知识手册》

主　编　薛　义

成　员　李芳泓　罗青峰　刘　颖

图书在版编目（CIP）数据

应急处置知识手册／中共陕西省委组织部组织编写.
--西安：西北大学出版社，2021.9
ISBN 978 - 7 - 5604 - 4778 - 0

Ⅰ．①应…　Ⅱ．①中…　Ⅲ．①应急对策—手册
Ⅳ．①X92 - 62

中国版本图书馆 CIP 数据核字（2021）第 187559 号

责任编辑　桂方海　褚骊英
装帧设计　泽　海

应急处置知识手册

YINGJI CHUZHI ZHISHI SHOUCE

中共陕西省委组织部　组织编写

出版发行	西北大学出版社
地　　址	西安市太白北路 229 号　　　邮　　编　710069
网　　址	http：//nwupress. nwu. edu. cn　　E - mail　xdpress@ nwu. edu. cn
电　　话	029-88303059
经　　销	全国新华书店
印　　装	陕西隆昌印刷有限公司
开　　本	710 毫米×1020 毫米　1/16
印　　张	11. 75
字　　数	136 千字
版　　次	2021 年 9 月第 1 版　2023 年 5 月第 3 次印刷
书　　号	ISBN 978 - 7 - 5604 - 4778 - 0
定　　价	41. 00 元

如有印装质量问题，请与本社联系调换，电话 029 - 88302966。